LOCUS

LOCUS

LOCUS

LOCUS

你能懂——
多媒體

鄒景平・侯延卿／著

明日工作室

侯延卿
侯吉諒
劉叔慧

聯合製作

tomorrow 04
溫世仁 蔡志忠 監製
你能懂——多媒體

鄒景平·侯延卿／著
繪圖：阿六
流程控制：侯延卿·劉叔慧
製作：明日工作室

發行人：廖立文
法律顧問：全理法律事務所董安丹律師
出版者：大塊文化出版股份有限公司
台北市117羅斯福路六段142巷20弄2-3號
讀者服務專線：080-006689
TEL：(02) 9357190　FAX：(02) 9356037
信箱：新店郵政16之28號信箱
郵撥帳號：18955675　戶名：大塊文化出版股份有限公司
e-mail:locus@ms12.hinet.net

行政院新聞局局版北市業字第706號

總經銷：北城圖書有限公司
地址：台北縣三重市大智路139號
TEL：(02) 9818089 (代表號)
FAX：(02) 9883028 9813049

初版一刷：1998年12月
定價：新台幣150元
ISBN 957-8468-64-4
Printed in Taiwan

明明德　日日新

明日工作室宣言

歷史的演變和進動，人，是最大的因素。任何創造或毀滅，成功或失敗，都源自於人和人的行爲。挑戰自己的極限，朝更美好的未來邁進是人類的天性。

試圖擺脫自己個人狹隘的自我、血統、地域的觀念囚牢，而令自己能自由地通行於時空之中不爲其所困囿，打造出更美好的明天和未來，相信這是所有人類共同的期望，而這也就是我們成立明日工作室的原因。明日工作室集合了很多優秀的人才，成立了專業寫書、著作的團體。期望能寫出一些對人類的未來和理想有益的書。

明日，有兩種意思。

一個就是明天TOMORROW，未來的理想、目標像似很遙遠……而明日，就比較眞實，人人都能比較清楚的掌握。我們要打造美好的明天，今天就應該開始做。

明日的另外一個意思是『明明德、日日新。』

明明德，就是知道過去、未來；知道倫理、文化和世間的規則；知道理想、目標。善用過去原本具有的知識、智慧等人類的共同資產，並遵循久遠以來的道德規範。

日日新，就是每天除去一些過去的錯誤觀念與缺點，每天學得新知識、技能，使自己慢慢朝向更完善的境界更接近一點點，向更美好的光明未來進化、躍昇。

就像三百多年前牛頓曾說：『我會有少許成就，是因爲我正踩在巨人的肩膀上。』過去人類所積累的知識和無數的智慧結晶，是人類的共同資產，也是牛頓所說的巨大的肩膀。明明德就是有效的運用巨人的肩膀，並遵奉過去所傳承下來的良好道德規範。日日新就是日復一日永續地朝向更美好的明日邁進，以上是我們成立明日工作室的理想，也是我們寫作出書的方針，歡迎有志一同的人加入明日工作室，來和我們一起共同「打造美好的明日」。

明日工作室

專業寫作公司

創 辦 人	溫世仁	
總 經 理	蔡志忠	
副總經理	侯吉諒	
資深主編	何文榮	
主　　編	劉叔慧	
編　　輯	侯延卿	楊雅雯
	劉叔秋	鄭瑜雯
	張成華	
助理編輯	莊琬華	
助理秘書	李雨澄	

電話：02-25703668

傳眞：02-25703668

郵政信箱：台北郵政036-00403號信箱

E-mail：futurism@m2.dj.net.tw

網址：www.tomorrowstudio.com.tw

【序1】

流行又實用的多媒體

（果芸，資訊工業策進會副董事長兼執行長）

「多媒體」是當前很流行的名詞，但多媒體究竟是什麼？恐怕能回答的人並不很多，鄒景平女士從事多媒體實務工作多年，做事踏實、研究透徹，對現在與未來多媒體之運用與發展，尤有精闢見解，其在公餘之暇，完成《你能懂多媒體》一書，讀來文筆流暢、深入淺出，對現代人來說，確是一冊有用的書籍。目前政府正大力推動中小學使用電腦與網際網路，本書能幫助老師與家長瞭解多媒體之功能與應用，對撫育下一代修習電腦與網路，將有莫大助益。

【序2】

擁抱多媒體的世界

周誠寬

（周誠寬，資訊工業策進會首席顧問）

資策會自民國六十八年成立以來，對資訊科技應用的推廣不遺餘力，希望能夠協助政府及民間，創造出有利資訊發展的社會環境。特別是近兩年來，多媒體產業已隨著國家資訊基礎建設（NII）計畫的推行，一步步走進了個人生活，社會各階層應用多媒體的教育也急需進行。

我個人從事電腦教育工作將近二十年，但常感到缺乏良好的大眾電腦教育書籍，目前雖不乏各種資訊科技的專門書籍，但若不是太艱深難懂，就是過於嚴肅無趣，使得多媒體資訊的全民推廣窒礙難行，本人也常為資訊教育未能普及深感憂心。但拜讀鄒景平女士《你能懂——多媒體》一書後，宛如見到雨後陽光，令人興奮不已。因為此書不但詳細解析了多媒體特色功能，更深入此項科技的各種運用方向，同時，也預測了多媒體未來的發展，內容淺顯易懂又活潑風趣，對讀者而言可謂良師益友。

《你能懂——多媒體》也探討了人文在科技的重要性，書中所提及007「明日帝國」——擁有媒體科技就等於控制世界——的人類共同惡夢，是現代社會學者最擔心的問題。如何運用人類的智慧善用科技，從科技為你虛擬的世界中辨別眞僞，找到對全體人類有利的知識，是每個現代人在吸收科技新知的同時，不能不修的課題。

一日千里的電腦科技隨時衝擊著人類既有的生活模式和社會群體的關係，國際政治、經濟的發展模式也因此在不斷改變，政府為順應這轉變中的二十一世紀潮流，同時發展出更多元、生動而有創意的世界性文化，近年來開始整合多項多媒體事業，期待以此爲基礎，營造台灣成爲**亞太媒體中心**。在多媒體新科技即將廣泛影響我們生活的時候，我很高興看到我的同事鄒景平小姐適時寫出了這本《你能懂——多媒體》，也期待美好的明日早日到來。

【序3】

知性主題的感性思考

（曹約文，昱泉國際股份有限公司董事長）

十年來，在遊戲軟體及兒童創意啓發教學的多媒體世界裡工作了這麼久，這一直是我想寫的一本書。

剛拿到這本書的初稿時，我想，大概就如一般資訊管理的書籍一樣，分門別類、逐句解釋罷了。然而翻著翻著竟無法釋手。因爲「多媒體」雖然是聽得見、看得著、買得到的，但要把它「說」清楚卻相當困難。然而本書作者之一的侯延卿小姐竟然用目前遊戲界最暢銷的遊戲手法「角色扮演（Role playing）」，來經營所有的概念，讓讀者閱讀本書就如同遊戲一樣，立刻被抓住了注意力，也延續了讀下去的意願。

作者用了一個平凡的大學女生馬美蒂爲主軸，在好朋友康寶寶的介紹下，接觸到一個多媒體節目商所設立的網站，進而迷戀上這個網站所提供的一部光碟書中的男主角。在這個過程當中，她習得了許多有關多媒體的知識，也在心靈上有所成長。而故事裡的出版商，爲了突破現有的行銷方式，設計虛擬人物來與讀者對話以刺激閱讀率的打書手法，亦反映出了多媒體普及後的人際社會之虛實曖昧。這種寫作方式，剛剛好就是多媒體最珍貴的特色。

電腦多媒體可應用的範圍很廣，從閱讀電子書、欣賞光碟影片、教學及遊戲軟體的使用，到網路的傳播與通訊功能，幾乎什麼都能夠表現，多媒體，可以說是電視機之後，最能主宰人類生活的發明。多媒體的便利及互動特質，將帶給整個世界的影響是革命性的，從生活方式、生活態度，到人生觀與價值觀的形成，甚至社會結構與城鄉差距，皆會產生巨大的改變。難能可貴的是，《你能懂——多媒體》一書，不但闡釋了多媒體的技術性知識，更有深入的人文關懷與感性思考。事實上，在資訊氾濫的多媒體世界裡，也唯有保持一顆善感的心，才不會被資訊的洪流淹沒。

如果您關心人類未來生活的可能面貌，那麼，我個人相信，這本書是您進入未來明日世界最好的大門。

目錄

第三章：多媒體節目 73

第四章：多媒體與網路 95

【自序】

新眼睛看世界

鄒景平

電腦發明將近五十年，使人類生活受到無比的衝擊與變遷，尤其是近五年，多媒體與網路日新月異，對我們的工作、生活、學習與娛樂的方式，都帶來前所未有的挑戰與機會。在未來的世界，誰能掌握先機，誰就是未來贏家！然而究竟多媒體與網路會帶給我們什麼樣的新奇世界呢？它對人類的影響究竟有多深遠呢？

《你能懂多媒體》這本書，就是嘗試用輕鬆、戲劇性的方式來讓大家明瞭什麼叫做多媒體、個人電腦和多媒體的關係、如何製作多媒體節目、未來多媒體世界的形形色色，以及它如何影響我們的工作、生活、教育與學習？

「一張圖畫勝過千言萬語」，電視之所以吸引人，是因爲電視的影像和聲音非常豐富，而多媒體比電視更進步的地方是，多媒體能讓我們自行選擇觀賞的時間、地點以及要觀看的節目，而且能讓我們隨心所欲的倒帶、停格或重播，完全順應使用者的需求！而不是像電視，觀眾只能被動的接收。

多媒體最大的特色，就是打破平面與文字的限制，提供我們類似「親臨其境」的感受，可以把不易用文字描寫的景色、表情、動作或連續過程呈現出來，讓我們能很快的了解與領會，因而大大縮短了學習的時間。

而且，製作多媒體的方法越來越簡單，成本也越來越低廉！不像電影或電視，需要很高的人力與成本，任何人，只要有個人電腦和合適的軟體，就能既快速又輕鬆的製作與欣賞多媒體節目了！

就像現在大家習以爲常的紙、筆一樣，在未來十年內，多媒體將成爲人類非常重要的表達與溝通工具，將來，每個學生都需要學習使用與製作多媒體。

在人類即將進入二十一世紀的現在，「終身學習」是每個人都需全力以赴的目標，每個人都需要隨時隨地的學習，傳統教育制度已經不能負擔這樣的目標，而多媒體正是實現終身學習的利器！

假如我們能善用多媒體，就能讓大家教得省事、學得輕鬆，同時也能在需要的時候馬上學會，學的量不多也不少，學得恰恰好。這正是達成終身學習環境的三個要素。

我跟電腦結緣將近三十年，從電腦是中科院裡高昂的、嬌貴的特殊設備，到今天不可或缺的工具，我的感覺是，以前是人順應科技，我必須嚴謹的遵守機器語法，記憶許多控制指令，不得稍有踰越，否則就指揮不動電腦，到了今天，則是科技順應人的時代，電腦與多媒體越來越好用，越來越不需要學習。

我的一位朋友排斥電腦多年，最近因爲工作上的需要，不得不使用電腦，才驀然發現電腦不僅功能強大，而且使用簡單，是生活的好幫手。假如，她學會使用多媒體，還不知要驚嘆到什麼地步呢！

在科技順應人的時代裡，我們最重要的使命，就是善用科技，來達成自己的理想，用的越多，產生根本性的創新與突破的機會就越大，這無論對企業或個人而言，都是非常重要的競爭力！

就像微軟公司總裁比爾蓋茲所言，「我們大部分人都過分高估了網路在最近兩年對世界的影響，卻忽略了十年後它可能造成的影響。」最主要的原因，是電腦科技的變化太過快速了，一般人根本很難想像可能會產生什麼影響。但如果我們能及早從善用多媒體與網路，並掌握住質變的方向，預先撒網佈局，等時機成熟時要不贏也難！

《你能懂多媒體》這本書，提供您各種奪得先機的途徑與機會！

在此謝謝明日工作室諸位先生、小姐的協助，使本書能順利出版，尤其要謝謝侯延卿小姐，她爲我的原稿增添許多趣味與色彩；同時也要謝謝資策會的首席顧問周誠寬先生，他爲這本書提供了許多寶貴的意見；更要謝謝我的同學溫世仁先生，給我這個出書的機會。

最後要謝謝在百忙中爲我寫序的老長官——果芸、周誠寬兩位先生，他們的溫煦，常在我心。

【前言】

你能懂多媒體

利用電腦科技化結合文字、圖像、聲音、動畫及影像等多種媒體的時代，已經來臨了。多媒體不但能透過電腦與通訊網路傳送到世界每一個角落，而且正悄悄地改變我們每個人的生活。

你可以透過網際網路和身處不同地點的數個朋友進行視訊會議，並隨時另開電腦中的小視窗查詢資料。如果你選修了大學裡美術史這一門課，即可透過視訊隨選課程，在你學習效率最高的時段上課，並利用虛擬實境的軟體與設備，在電腦前跟著教授的導覽，參觀羅浮宮、紐約大都會美術館或任何一座世界知名的藝術館，讓你宛如親臨其境。而上課的同時，你也可以利用網路購物叫一份披薩來，然後，你就可以享受到一邊吃披薩、一邊逛博物館的樂趣！

如果你是旅行社的老闆，爲了避免發生空難的風險，以及旅途中訂房、交通、飲食等等一連串照顧旅客的麻煩，你也可以在實際旅遊的產品之外，增設電子旅遊行程，讓沒時間出遊的人，在電腦前以虛擬實境的方式玩遍全世界。

至於遊客，當然就可以輕輕鬆鬆地尋幽訪勝，不必大包小包背著重重的行囊，也不必擔心遇到小偷或強盜。你只需要透過電子銀行把費用轉帳到旅行社的戶頭，即可在網路上接收到你所購買的旅遊行程產品。而且旅行途中，還可以播放自己喜歡的音樂。

如果你家有小朋友要學英文，接送他們去補習班，你可能沒有那麼多時間；或讓他們自行前往，又增加被壞人誘拐、綁票的風險。但若購買兒童美語教學的光碟，便能讓小朋友在家即可沈浸於色彩繽紛、輕鬆快樂的學習氣氛中，省得你操心。此外，還有許多種類的兒童教學、育樂光碟，家長不必再擔心該送小朋友去哪家才藝補習班才好！

多媒體時代的來臨，將促使全民展開認識電腦的行動，讓生活與電腦結合，而當所有食衣住行育樂等活動都可以在家完成時，必將導致一個更趨向於簡單富足的社會形態，帶來追求精神層次勝於物質揮霍的新時代。

第一章

馴服多媒體

媒體，基本上就是指人們用來溝通訊息的工具。演講、說話的時候，聲音本身就是一種媒體；手寫出來的文字，也是一種媒體。所以，任何傳遞溝通訊息的東西，都可稱為媒體！當我們用兩種或三種以上的媒體向別人表達意思時，就叫多媒體。

因此，千萬不要先被「多媒體」這個似乎很現代很高科技的字眼嚇壞了。其實，多媒體非常簡單，好幾種媒體混合在一起，就叫做多媒體。

馴服多媒體

剛進大學唸書的馬美蒂躲在她的臥室裡玩電腦，有很長一段時間，內向害羞的馬美蒂都是以連上電腦網路作爲日常的休閒方式。

開在東邊的小窗透入涼風徐徐，綴飾於窗上的麻質雪白紗簾輕輕飛舞，馬美蒂的房間溫馨舒適，也難怪她總是窩在家裡。窗旁緊臨著美蒂的床鋪，是爸爸督促她養成「日出而作、日入而息」的習慣的方法。床的右邊則是美蒂的生活重心所在——電腦桌，以及各式電腦配備。

今天，美蒂青梅竹馬的老朋友康寶寶用電子郵件向她介紹了一個網站「Z」，因著小康的極力鼓吹，美蒂在回信之後，不禁也連上Z網站去一探究竟。

在Z網站中，美蒂首先注意到的是新書資訊，她發現一部叫做《艾俊傑檔案》的電子書，而且網站中有儲存完整的版本。她好奇地連結上這部書的檔案，電腦螢幕出現幾行字：

您要送出的資訊不具安全性，在傳輸期間，可能遭到第三者的竊取。如果您要送出的是密碼、信用卡號、或其他你想要保持隱密的資訊，取消遞送這些資訊，對您來講是比較安全的。

美蒂像平常一樣鍵選「繼續」，便進入了《艾俊傑檔案》。目錄第一行寫著**什麼是多媒體**，滑鼠劃過這行字時，游標變換成「超本文」的符號，於是她用滑鼠在這行字上點了兩下。

什麼是多媒體？

一聲爆破，震得艾俊傑頭皮發麻，逼眞過頭的血肉横飛的畫面，彷彿是特效道具中夾雜了劇組裡眞的有同事不小心被炸斷的胳臂，散播著血的腥味，中午吃的排骨便當就快要從小艾的胃囊裡湧出來了！

突如其來震耳欲聾的爆炸聲，把美蒂震得差點兒從椅子上摔下來，她雙手抱著頭，好一會兒之後，才意識到不是她的電腦爆炸。長噓一口氣，又連做了兩次深呼吸，才定下神來，繼續往下看。

拍電影固然偉大，是艾俊傑前半輩子的唯一夢想，然而在連續拍了兩部藝術電影不好意思跟賠光了家產的導演支領全薪、拍商業電影又不習慣老闆的價值觀與處事態度之後，他開始考慮聽從全家人的意見改行了！

根據艾俊傑大學時代的直屬學長魏大哥的分析建議，電影之所以迷人，是它可以綜合呈現聲音、文字與影像等元素的特質，你可以稱它爲多媒體，但它仍是一種單向、刻板的傳送方式；如果今天有一個管道，不但能結合文字（TEXT）、圖像（GRAPHIC）、聲音（VOICE）、音樂（MUSIC）、動畫（ANIMATION）、影像（VIDEO）及虛擬實境（VIRTUAL REALITY）等訊號，而且還可以跟觀賞者互動，那豈不是更迷人，對製作者來說，也更有成就感！

因此魏大哥力勸俊傑加入他投資的一家多媒體製作公司，末了，他還補充一條：「以後要拍爆破戲，不用眞的拿炸藥來玩命，用電腦動畫做特效就行了！效果就跟實景拍攝一樣逼眞。」

「美蒂，電話！」

聽到媽媽的聲音，美蒂才注意到已經六點鐘了，爸爸和媽媽通常都是這個時候從果園裡回來。剛才大概是太專注於電腦上的訊息了，以致沒聽到媽媽開門和電話鈴響。她用網路的「新增書籤」功能把《艾俊傑檔案》標示起來，以便下次上網可直接連結，然後便跑到客廳去接電話。

「喂。」美蒂走到電話前，影像電話的畫面裡是康寶寶。

「哈囉，電腦老師今天叫我們看的節目《現代科技大觀——電腦系列》，妳要幾點鐘看？」

康寶寶和美蒂從國小同學一路到現在，大學雖然唸不同科系，但像電腦概論這類共同科目的選修時間還是多少會有交集。

「大概八點左右吧！你要等我一起看嗎？」

「嗯，好，八點鐘的時候我會再打電話給妳，我們一起看。」

托「視訊隨選」的福，每一個觀眾都可以在自己方便的時間選擇自己想看的節目，也就是電視台能接受觀眾點播，馬美蒂和康寶寶今晚就是要點播老師交代他們看的節目。而這種觀眾與電視台之間的互動，讓美蒂聯想到她在《艾俊傑檔案》裡看到的，這正是現代互動式多媒體的基本意涵。

雙向互動是多媒體的特色。

而這種互動式的多媒體節目，又以電玩最具代表性吧！美蒂這麼想著，電玩不僅能呈現卡通、音樂、文字等多種不同的訊息，而且每次她玩電腦遊戲時，只要移動滑鼠或搖桿，畫面就立刻有反應，她操作鍵盤的快慢，會傳送到主機，也會影響得分的高低，她的抉擇與決定輸入主機後，也會導致電玩主角能不能過關的結果，這種雙向互動的特性，大大增加了遊戲的娛樂與學習效果。

美蒂想印證自己的想法有無錯誤，便又回到《艾俊傑檔案》裡去看究竟。

現代電腦技術不斷進步，使得我們用個人電腦就能播放多媒體節目，比如我們把影像光碟（VEDIO CD）放入電腦的光碟機中，就能看電影，我們也能用電腦玩許多電玩遊戲，而且還有很好的互動效果，所以個人電腦是目前最便宜、最方便的互動式多媒體播放設備。

目前的個人電腦除了能播放多媒體外，還能讓我們用很輕鬆、簡易的方法製作多媒體節目，在電腦技術沒有發達以前，要製作多媒體節目是很耗時、費錢的事，所以市面上現有的多媒體數目有限，而需求卻非常大。

像馬來西亞政府大力推動的「多媒體超級走廊」，就是看好多媒體未來的市場潛力，而想發展多媒體產業，這個產業包含了大量多媒體節目的規劃、製作與行銷，以及多媒體播放平台（包括個人電腦及週邊設備、網路設備）的研發與製造等等。

美蒂很高興今天有學到一些學校教材以外的東西，晚餐的時候，便忍不住向爸爸炫耀：「爸，我來考考你，你知不知道什麼是多媒體？」

「想考我啊？我倒想先考考妳，究竟知不知道什麼叫媒體啊？」

美蒂不假思索回答道：「報紙、電視、廣播都是啊！」

「那演講算不算？」

「嗯，這個嘛……」美蒂遲疑了好幾秒答不出來。

「我來告訴妳吧！媒體，基本上就是指人們用來溝通訊息的工具。演講、說話的時候，聲音本身就是一種媒體；手寫出來的文字，也是一種媒體。如果我現在用聲音講，也用文字記錄下來，那就是用兩種媒體表達我的意思。」

「所以，任何傳遞溝通訊息的東西，都可稱爲媒體！當我們用兩種或三種以上的媒體向別人表達意思時，就叫多媒體。」

「沒錯！」爸爸雖然以種水果爲業，但是平常自修可一點兒也沒偷懶。

所以，千萬不要先被「多媒體」這個似乎很現代很高科技的字眼嚇壞了。其實，多媒體非常簡單——好幾種媒體混合在一起，就叫做多媒體。

多媒體訊息的種類

在多媒體中所能運用的訊息種類很多，下面七種是最常見的：

(1)**文字**(TEXT)

除了中文之外,也要注意包含其它國家的文字,這樣才能開發國際通用的多媒體節目。

(2)**圖像**(GRAPHIC)

圖像有兩種,一種是簡單的圖形,可以用線條充分表達,一種是繪畫或相片,在處理上比較複雜,但都只有單一畫面。

(3)**聲音**(VOICE)

此處泛指一般人說話的聲音,以表達意思爲主。

(4)**音樂**(MUSIC)

音樂與聲音不同。聲音只是表達人們所要講的事情。而音樂可能是一種輕快或沈重的曲調,可以表達情緒,如彈鋼琴。

(5)**動畫**(ANIMATION)

如卡通或電玩遊戲中的畫面,它不只是一張圖,而是由很多連續的圖畫構成,當我們用快速放映時,就會給人有連續動作的感覺。譬如迪士尼電影中會走的米老鼠，或電玩中會跟我們對話的瑪莉歐。

(6)影像（VIDEO）

影像也稱爲視訊，是一種最多元的訊息，譬如當一個人演講時，用攝影機把過程拍下來，這樣攝錄下的訊息就是影像，裡面除了這個人的長相、聲音外，還包括了他的手勢、表情與動作，並且也包含了許多連續的畫面。一般電視的新聞節目，就是用影像記錄各地發生的事情，例如電視記者把花車遊行的影像拍錄下來，再剪輯給觀眾觀看。

(7)虛擬實境（VIRTUAL REALITY）

虛擬實境是一種新開發出來的媒體，是用電腦立體（3D）動畫做出來的。跟過去我們要看立體電影時，戴眼鏡的效果一樣。所不同的是，它有互動的功能。我們可以操作各種控制裝置，來改變周遭的環境。美國海軍就應用虛擬實境來訓練軍官熟悉潛水艇的駕駛。

虛擬實境也可以應用在室內裝潢中。以前的室內設計是當一間房子買來空空的時候，我們就請設計師來設計，設計師用圖跟我們說明傢俱、座椅、電視、隔間等要怎麼安排，壁紙怎麼貼，要選何種顏色，燈怎麼掛。我們同意後，他就按圖施工。但等這些都做好之後，若我們發現自己並不喜歡這些設計，則大勢已去。要嘛就接受，不然就敲掉再重新裝修。不論何者，都是很傷感情的事。

目前在日本已有些室內裝潢公司開始使用一種虛擬實境頭盔，讓你進入一種虛擬的環境，使你感覺到好像置身在新房子中，設計師開始告訴你，這裡要放幾套沙發，怎麼放最好看。電腦裡頭的資料庫裡有很多套沙發，你就可以開始選擇。接著，設計師幫你擺桌子，你從這副頭盔裡看到的，好像是一間正在裝潢的房子。

然後，設計師開始替你弄天花板、替你裝燈，直到最後你覺得滿意爲止。但實際上，房子還沒有動工，你只是在電腦裡面感覺到裝潢後的情境，這就是虛擬實境。虛擬裝潢好了以後，設計師就把電腦設計好的規格與圖樣交給包商，請他完全照虛擬的裝潢施工。

如此設計的房子，因爲我們事先曾用虛擬的方式做過挑選與體會，就比較不會發生完工後又要拆掉重做的情況。過去我們用電視也好，用想像也好，描摩不出來的景況，現在都可以用這種虛擬實境的方式來達成，不但節省很多成本，而且亦可得到最適合我們的成果。

以上所談到的七種多媒體訊息只是人類的視、聽覺部份而已，其實人類的觸覺、嗅覺、感覺等都可傳遞訊息。因此，未來我們還可能發展出更多種的多媒體訊息。

互動多媒體的特性

艾俊傑在學長魏大哥的引薦下，進入了ＩＤ多媒體股份有限公司上班。到職第一天，公司安排艾俊傑與較爲資深的劉雨雯一組，隸屬企劃部，由劉雨雯負責帶領艾俊傑入門、了解工作狀況。首先，劉雨雯簡單地問了小艾一些有關於多媒體的觀念問題，發現他所知不多，心思細膩的雨雯怕他不好意思開口發問，於是她決定自動從基礎介紹起：

「我們公司所做的互動多媒體，必須把聲音、文字、圖片、視訊、動畫等等這些不同的訊息，分別轉換成電腦可以接受的0與1，然後再整合在一起，做爲資訊傳達之用。因爲它使用了視覺和聽覺兩種以上的感官傳達訊息，而且能跟使用者互動，所以就被稱爲互動多媒體。」

小艾問道：「這種把訊息轉換成電腦可以接受的0與1信號的過程，是不是就是所謂的數位化？」

「對，經過數位化以後的訊息就能很容易地由電腦加以儲存、記錄、播放及控制，所以你就可以想像互動多媒體有哪些特性：一，它是多種媒體的表達方式，也就是說可以同時用影像、文字及聲音來表達。二，它的訊息都被數位化了，所以很容易予以儲存、複製、重組、修改及傳送。由於電腦只能接受0與1的資料，因此各種媒體資訊在輸入電腦前，都必須先數位化，再輸入及儲存。你是學大眾傳播的應該知道，錄影帶經過幾次拷貝後，影像的品質就會越來越差，但是數位化後的視訊資料，不論經過幾次的複製，品質都不受影響。再者，聲音數位化後，很容易剪接和處理，可以做出很多特效，而且處理成本也很低。這也是互動多媒體能在二十一世紀稱雄的最重要特性。」

「嗯，這些我都曉得。」

「我還沒講完！再來，第三，所謂互動性，就是指使用者不再只是單方面的收看，他可以透過滑鼠或鍵盤或其他輸入設備，和電腦之間進行互動。透過互動的功能，使用者可以參與到課程或節目的內容，電腦也可以依據使用者的參與及反應，而執行不同的部份，至於在學習方面，使用者可以根據自己的能力及程度，控制學習內容和進度，而不會像目前的電視教學一樣，都是相同的內容跟進度。」

「這對未來的學生而言，的確是一大福音。」

「沒錯。再談第四點，它具有超媒體的能力，超媒體（HYPERMEDIA），也可以說超本文（HYPERTEXT），是指使用者在閱讀具有超媒體特質的資料時，不一定要循序閱讀，他可以像查字典一樣，跳躍查詢，譬如說，有一個人在看一篇介紹電腦的文章時，發現有一個他不了解的名詞叫多媒體，於是他就可以利用滑鼠馬上跳到多媒體的章節部份，在多媒體中又提到聲音，是他特別感興趣的部份，於是他又再用滑鼠跳到聲音章節，這種能讓讀者跳來跳去閱讀資料的能力，我們就稱之爲超媒體或超本文。」

「嗯，這的確是傳統媒體沒辦法做到的。」

「最後，第五點，它具有快速查詢及處理資料的能力。透過電腦的快速處理能力，使用者能在很短的時間內尋找及過濾大量資料，進行查詢，也可以快速跳到所要看的段落，而不用像錄影帶一樣，還要經過倒帶或回帶，這也是以往其他媒體所不具備的特性及能力。」

「謝謝劉大姊的解說。」

「第一，謝謝你的耐心聽講。第二，我看過你的人事資料，我還比你晚兩個月出生。第三，以後我們兩個可就是戰友囉！你叫我雨雯就行了。」

「妳講話一向都是這麼有條理嗎？」

「沒錯！」

「眞是個厲害角色！」小艾讚嘆地搖搖頭，忽然又想起什麼似的補充道：

「哦，妳可以叫我小艾。」

光碟書裡繪著兩人的插畫，小艾斯文高䠷，戴著眼鏡；雨雯眉清目秀，長髮飄逸。美蒂看到最後小艾和雨雯的對話，以及插畫裡他倆互望的眼神，再摸摸自己像個小呆瓜一樣的短髮，心中突然升起了一股孤單的感覺，彷彿黑漆漆的夜空裡那一彎不完整的弦月。

輕鬆便利功能多

操作方式越來越簡便，是多媒體發展的趨勢，人人都能輕易學會使用方法，因此多媒體必將根植於日常生活當中。像美蒂家裡就平均每個人都有一台電腦。擺在客廳的電視機其實也是一台電腦螢幕，主權歸媽媽所有；主臥室裡一台手提式電腦是爸爸賣水果的工具；美蒂房裡的桌上型電腦則歸她自己管轄。

平常爸爸和媽媽除了利用網路物流管道販售水果，購買生活必需品；有空的時候，他們總喜歡一起觀賞那些充滿娛樂趣味的語言教學光碟，在活潑的聲光畫面及令人捧腹的短劇中，輕鬆學習英語、日語等外國語文。

農閒時候，爸媽也會上網路查詢最新的各類水果種植知識，或透過網路上的BBS站（電子布告欄），與其他果農切磋種植技術與經驗心得；此外，果農協會辦的《水果種植技術季刊》要徵稿，爸爸也有興趣投稿。

最近，爸爸就非常積極地在電腦前用功，他以網路搜尋引擎，針對他的主題尋找相關論述，又連結到圖書館查閱百科資料，把所需的圖文轉存下來，再利用文字處理軟體打開多重視窗，一邊參考他蒐集來的資料，一邊寫文章。同時，電腦所具備的演算功能，亦可幫助爸爸做數據統計、繪製分析圖表，完成一篇簡單明瞭的「有機水果之土壤改質分析報告」。

文章完成之後，爸爸先將檔案用電腦傳眞軟體傳送給他同爲果農而且比他還要LKK（老古板）的好朋友老張，張伯伯一讀完，便熱心地打電話來提出他的意見，爸爸在他的電腦分機上接聽完張伯伯的電話，馬上略做修改，然後再以電子郵件e-mail寄給《水果種植技術季刊》的編輯部。

雖然投稿不一定能被錄取，但是爸爸已從吸收新知、尋找相同意見的論證，以及抒發己見的過程中，獲得許多成就感，就算他的文章沒在《水果種植技術季刊》中刊登，他也打定主意要在網路上發表，尋找共鳴。

爸爸對水果的熱愛，也表現在爲小孩取名字這件事上面。美蒂還在媽媽肚子裡的時候，一經超音波測出是女娃兒，爸爸便上BBS站（電子布告欄）昭告網友，訴說他的興奮，以及將爲孩子取什麼名字。因爲果實若生了病蟲害，通常都會從接近果蒂處開始變色、凹陷，使果梗皺縮、果實發育受阻；而健康的果實通常都有漂亮的果蒂，爸爸希望美蒂永遠健康，所以就爲她取名「美蒂」。

第二章

最佳播放平台——多媒體電腦

DVD-ROM的運作原理跟CD-ROM差不多，但是它的容量、密度更高，是CD-ROM的十五倍。一片DVD-ROM的容量是4.5～17GIGA，相當於一萬本書，但是價錢還是一塊錢美金。電腦記憶體已經發展到用美金一塊錢就可儲存一萬本書，一萬本書相當於一間圖書館的容量！因為DVD-ROM容量大，所以我們就可把文字、圖像、聲音、音樂、動畫、影像、虛擬真實等所有多媒體訊息都儲存在裡面。也就是說，未來我們只要有一片DVD，就能帶著一座圖書館的藏書滿街跑……

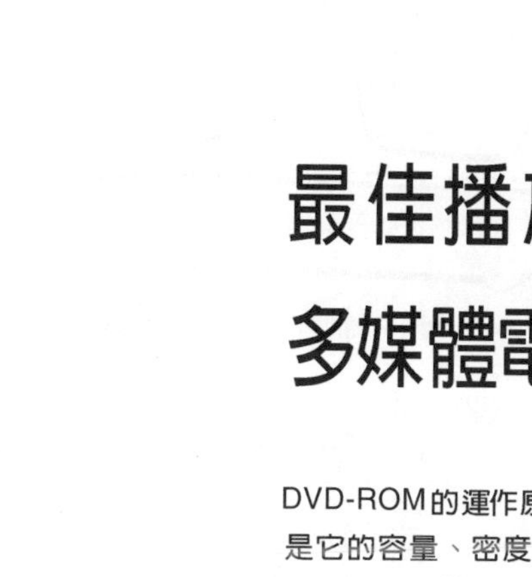

從八歲到八十歲，都可以學會多媒體電腦。

越來越多的兒童電腦才藝班林立在街頭，越來越多的銀髮族因爲行動不便無法出門，而學起電腦當作休閒。現在的小學生已經能用「小畫家」軟體幫老師設計獎狀或海報，用試算表幫媽媽做家庭財務報表；也有年近八旬的老先生自己架設網站、設計「烘焙雞」（Home Page，網站上的首頁）。從八歲的小朋友到八十歲的老朋友，都可以學會利用電腦做簡報、動畫，製作出多媒體的作品來。

和電腦做朋友

晚上八點，透過影像電話，美蒂和康寶寶在各自家裡的客廳見到彼此的面，並且一

我們和電腦的交情越深，
電腦能幫我們做的事情就越多。

起選了公共電視台《現代科技大觀——電腦系列》的節目觀看。雖然他們處在不同的空間，但感覺上卻好像是坐在彼此的身邊。

電視節目中，主持人說道：「要讓電腦幫我們的忙，就必須先和電腦做朋友。我們和電腦的交情越深，電腦能幫我們做的事情就越多。那麼，要怎麼樣才能和電腦變成朋友呢？當然就是要先了解它囉！」

「哎，說起來容易。」美蒂嘆了一口氣。

「妳放心，眞的不難！」小康趕緊安慰她。

「電腦雖然看起來複雜，但其實心思單純，它只懂得0與1。什麼是0與1呢？我們舉個例子來說，假如我有一支手電筒，我可以向對方傳達兩個訊息，一個是開、一個是關。但是，如果我有兩支手電筒，我就可以跟他傳達四個訊息——兩支都關、左開右關、右開左關、兩支都開。假若對方在很遠的地方，我就可以跟他表達四件事情或傳遞四個訊息。那麼，假設我有三支手電筒，他就可以看到我八個訊息，即2×2×2，這就是電腦的原理。如果我們有八支手電筒，我們就可以跟對方傳2的8次方，即256個訊息。在電腦來講，一支手電筒所表示的訊息就叫一個BIT（位元），八支手電筒所代表的訊息就叫一個BYTE（位元組），一個BYTE剛好是電腦中記憶資料的基本單位。如果我今天向對方傳達256個訊息，這些訊息中，第一種代表A，第二種代表B，第三種代表C，以此類推下去，這256個訊息可以代表所有英文大小寫字母、標點符號與數字。因此我們就可以向他傳達整篇的文章了，這就是電腦和數位通訊的基本原理。」

電視畫面從主持人拿著一支手電筒搖啊搖的，跳接到動畫的影像。接著，旁白開始描述「電腦的結構」：「許多人一聽到電腦這個名詞就怕，就不願意再聽下去，認為電腦是一種專業名詞。其實，電腦很簡單，一部電腦的組成單

電腦結構簡圖：

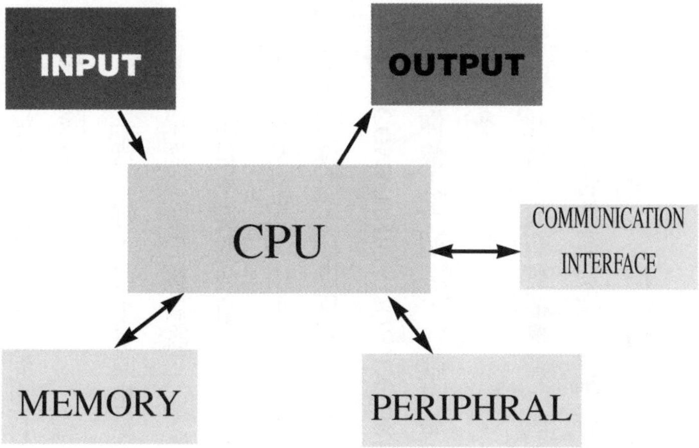

元，基本上可分爲五大部份，輸入部份(INPUT DEVICE)、輸出部份(OUTPUT DEVICE)、中央處理器(CENTRAL PROCESSING UNIT，即CPU)、記憶器(MEMORY)及週邊設備(PERIPHERAL)。最近，電腦又增加了一個部份，就是通訊接口(COMMUNICATION INTERFACE)。這些組成單元，也都是電腦所擁有的資源。」(如上圖)

「也許大家沒有想到，所謂的電腦，並非只是那種一般人以爲的功能複雜、操作困難的科技產品，事實上，即使只是很便宜的計算器，也是一種電腦。因爲計算器有輸入部份(鍵盤)，輸出部份(顯示數字的顯示幕)，它有運算，你打123+456，它就會算出來答案，而它的運算中心就是中央處理器(CPU)，它也有記憶，一台計算器上面也有一組很小的記憶，可以記住你輸進去的數字和加減乘除等等。……」

「告訴妳，電子字典也是電腦的一種哦！」康寶寶在電話那頭搶話。

果然，旁白接著說：「……一台電子辭典，也是一部電腦。電子辭典的輸入部份是小鍵盤或筆，它的輸出部份是LCD（液晶顯示器），它有運算，因爲可把它當計算機用；它有記憶，因爲可以儲存電話號碼等等，它可記憶成千上萬組的資料，它也有週邊，再加上一個數據卡（MODEM CARD），就有了通訊介面（COMMUNICATION INTERFACE）。而且電腦辭典可以處理數字、文字、聲音，你輸入一個字，它就可發出聲音來。電腦層次愈高，它能處理的媒體種類就愈多。」

此時，康寶寶插嘴道：「標準的電腦架構！這實在是太簡單了，我都可以講，老師居然還要指定我們看這種節目。」

「小康，你很煩哟，又不是每個人都跟你一樣是電腦天才。」

電腦也有記憶與靈魂

電視裡，旁白繼續著：「電腦的中央處理單元（CPU），可說是整個電腦系統的心臟，它負責執行各種運算，例如做加、減、乘、除的計算，或者是執行是非對錯的判斷。目前由於半導體技術的進步，整個中央處理單元可以放在一顆IC晶片上，我們常聽到的586、686或PENTIUM，就是INTEL（英特爾）公司所產的CPU代號，它是個人電腦中的靈魂，也是最貴、最重要的一顆積體電路（IC）。」

康寶寶又忍不住插嘴：「美蒂，這裡我還可以跟妳補充說明，早期的中央處理器（CPU）只能處理數字與文字，例如我們使用WORD、EXCEL這些軟體，主要以打報告和製作統計圖表爲主，後來，又有人發展出能附帶處理圖像的中央處理器，中央處理器功能愈強，它所能處理的多媒體訊息的種類也愈多。所以妳看我們現在用的電腦，不但能寫字，而且還可以畫圖、掃描圖片，還可以把含有圖文的檔案從妳那裡傳給我、或從我這裡傳給妳，多棒啊！」

「好啦、好啦，知道你很厲害啦！」

美蒂再度把注意力集中到電視上，現在講到電腦的記憶單元，是以動畫表格搭配旁白：「電腦處理一種或多種訊息的程序是，當資料從輸入設備進來後，中央處理器馬上去處理，處理完以後，就依使用者的指示來儲存或從輸出設備顯示出來。通常，我們希望保存這些處理的結果，做爲存檔參考或留著以後再加工。這個時候，就需要用到記憶體。記憶體架構可歸納爲三層，最內層是中央處理器的內部記憶體，速度最快，可儲存的數量最少，資料會隨著電源關掉而消失；中間層是主機板上的記憶體，速度稍慢，數量較多，但資料也會隨著電源關掉而消失，第三層是外部儲存裝置，使用磁片、硬碟、可讀寫式光碟等工具，雖然速度最慢，但容量大、資料不會因電源關掉而消失，正好補前二者的不足，而且有些還可以將資料存在裡面，讓我們帶著到處走，或再送到另一台電腦上使用。」

影像電話裡傳來「啵」的一聲，美蒂以眼角餘光瞄到小康打開一瓶易開罐汽水，並開始吃起爆米花來了！顯然康寶寶覺得這個節目所傳達的訊息很簡單，可是美蒂卻必須很專心才能吸收這些知識。美蒂覺得老天眞是不公平，爲什麼有的人生來就很聰明，有的人卻很駑鈍，她開始心理不平衡起來，恨恨地詛咒康寶寶變成一隻豬。

「我們常以16個MEGA BYTE（百萬位元）、32個MEGA BYTE、64個MEGA BYTE來比較電腦主機板上的記憶容量大小，也就是比較電腦的內部記憶體多少，我們所指的這些，事實上是電腦的半導體記憶體，即動態記憶體（DRAM）、靜態記憶體（SRAM）這些東西。爲什麼要有這些記憶體呢？因爲這種半導體記憶體，存入、取出的速度特別快。一般從錄音帶、錄影帶拿資料要等好久，但這些記憶體在不到幾百萬分之一秒裡就可以拿進、拿出資料。」

美蒂看電視裡描述到「半導體」，不禁發出疑問：「那我們爲何不拿半導體這麼快的記憶體來記憶東西呢？」

小康立即搶白：「小姐，因爲它太貴了，而且一旦電源消失，它所記憶的內容就消失了，同時，攜帶、讀取也不方便，所以後來又發展出了其它的外部記憶體，像磁片、磁碟和光碟。我們現在最常用的磁碟機，就能讀取儲存在磁碟片裡面的資料。磁碟片目前可儲存到2.88 MEGA BYTES（百萬位元），等於二百八十八萬個位元組，也就是大約存二百多萬個英文字母。最新的磁碟片已經可以儲存到240 MEGA BYTES，也就是二億四千萬個位元組。怎麼樣，酷吧！」

「愛現！」美蒂繼續看電視。

旁白又敘述道：「大部份的電腦裡面都有硬碟，硬碟可分爲抽取式與不可抽取式兩種。抽取式可隨身攜帶，極爲方便；不可抽取式目前則已發展到5個GIGA BYTES，即五千個MEGA BYTE，也就是五十億個位元組。然而，因爲硬碟的價格仍然很貴，而且無法輕易抽換，所以勢必發展其它記憶體，如可讀光碟（CD-ROM）。這是一種很便宜的記憶體，一片價格美金一塊錢的CD-ROM可儲存500-600 MEGA BYTES的資料，而500 MB（MEGA BYTES）相等於五十萬張紙的記憶量，平均一百張紙的記憶成本不到台幣一分錢。可見CD-ROM比紙張眞是便宜太多了。」

「欸，美蒂，這裡我還可以補充！」康寶寶又嚷嚷起來：「因爲現在大家對CD-ROM不是很滿意，所以又推出了DVD-ROM。DVD-ROM的運作原理跟CD-ROM差不多，但是它的容量、密度更高，是CD-ROM的十五倍。一片

就容量而言，擁有一片DVD，等於擁有一座圖書館。

DVD-ROM的容量是4.5～17GIGA，相當於一萬本書，但是價錢還是一塊錢美金。電腦記憶體已經發展到用美金一塊錢就可儲存一萬本書，一萬本書等於一間圖書館的容量喔！因爲DVD-ROM容量大，所以我們就可把文字、圖像、聲音、音樂、動畫、影像、虛擬眞實等所有多媒體訊息都儲存在裡面。也就是說，未來我們只要有一片DVD，就能帶著一座圖書館的藏書滿街跑，這眞是一項很偉大的發明……」

美蒂沮喪地看著影像電話裡口沫橫飛的康寶寶，她眞希望有一天，她也能像康寶寶一樣聰明。

幫助人腦執行任務的電腦軟體

小艾逐漸進入工作狀況之後，慢慢體認到互動多媒體有三大核心——播放平台、節目及使用它的人。而這個播放平台，就是他現在最迫切需要去了解的一門學問——多媒體電腦。目前多媒體電腦是世界上最理想、最廉價的互動多媒體播放平台，只要掌握這個管道，他就是媒體世界之無冕王！

他想到以前唸書的時候，書上曾說過「以天下興亡爲己任」這類的話，當時只覺得這碼子事與他遙不可及，但現在情況卻不同了，他只要在每一個他所企劃的節目中滲透一點他想傳遞的理念、他的抱負，經由這個管道散佈出去，就有無以數計的群眾會在潛移默化之中吸收到他的思想。他將成爲一隻幕後的黑手，在無形中影響許多人的觀念。果眞如此，豈止是王，他簡直就接近神了！當初迷戀電影藝術，不是也曾想過有朝一日若自己當上導演的話，必定要向他的觀眾傳達一個眞善美的世界觀！如今，可說是殊途同歸吧！

不過，回到現實，小艾現在的工作離不開電腦，他目前的首要任務便是必須先搞懂一堆電腦軟體，以便他能夠更輕易地和電腦溝通，指揮電腦工作。

電腦有電腦的機器語言，對電腦來說，CPU眞正能執行的指令，只有一連串0與1的訊號。對小艾充滿感性但欠缺理性的腦子而言，這眞是難以理解的一件事啊！幸好這世界上聰明理性的人還是很多，他們用英文字串來代替難記的0與1的訊號，設計出易懂的英文字串式指令（即「組合語言」），而組合語言翻譯程式（ASSEMBLER）則能替人們自動將組合語言轉換爲機器語言，以後又有人設計出各種更容易指揮電腦的高階語言，例如C++等……這些人，小艾覺得他們通通都是他的貴人。

側身趴著的姿勢讓美蒂很懶得動，但是因爲想看《艾俊傑檔案》而在凌晨三點起床的人，應該是求知慾旺盛的人！美蒂這麼想著，便驅策自己把電腦螢幕和鍵盤從床上搬回桌面，起身去查她的百科全書，到底什麼叫「系統軟體」和「應用軟體」。

在百科全書中，對「系統軟體」的解釋是：

「系統軟體主要的功用，除了協助我們把系統資源發揮的更好之外，同時也擔任溝通的橋樑，讓使用者或程式設計師有一個便利的工作環境，而不必孜孜矻矻的為許多操控CPU（中央處理器）或輸出入設備的瑣事操勞。例如在個人電腦作業系統DOS3.0時代，我們必須用鍵盤輸入指令，電腦才會執行，只要打錯一個字，電腦就會不知所措，但要人類去記憶上百個命令，同時還要能不把它的指令格式搞錯，實在不容易，所以後來才發展出WINDOW作業環境，由電腦先將使用者可能要執行的指令群顯示出來，再由使用者用滑鼠點選，這種『圖形介面』的操作方式，便讓人覺得容易多了。」

反覆咀嚼這幾句話的含意之後，美蒂得到一個結論：作業系統的角色就好比是管家，替我們管理電腦內的軟硬體資源，協調各硬體設備的工作，使它們都能各盡其責，並易於指揮，是我們使用電腦時最好的幫手！

美蒂再翻到「應用軟體」的部份，書上寫著：

「應用軟體是以滿足使用者需求，完成使用者所要執行的工作為主，例如撰寫報告、繪製統計圖表、或印製公司每月的薪資表冊等。應用軟體又分為工具性軟體（又稱套裝軟體）以及應用系統（資訊系統）兩類。常見的套裝軟體有文書處理、試算表、簡報軟體、繪圖軟體、排版軟體、影像處理軟體等，在市面上廣泛銷售，一般使用者只能使用它所提供的功能，而不能修改其核心程式。……」

這些軟體不是我每天都在用的嗎？美蒂讀到此處恍然大悟，而且現今套裝軟體的發展已趨向提供全方位的功能，變成多功能導向，例如文書處理，除了處理純粹文字外，也能處理圖形、編製統計圖表、執行排版或電子郵遞等功能。彷彿以前每天照三餐吃飯卻從不知自己吃了些什麼似的，她突然有一種從渾沌狀態清醒過來的感覺，頓悟渾渾噩噩的生活其實是一種浪費生命資源的罪過，於是抖擻起精神，急忙再往下看：

「……應用系統則是諸如人事薪資系統計算員工薪資、進銷存系統管理原料及產品庫存等等，它是現代化企業或政府機構在業務營運或管理上所不可或缺的工具。資訊系統通常由所使用的公司自行設計，或者委託專業的軟體公司開發，因此可以針對使用公司的特殊需求來設計，通常它們在彈性、功能、資料量規模及價格上都遠超過工具型的套裝軟體。」

了解了系統軟體和應用軟體的意義之後，美蒂亟欲知道多媒體電腦所採行的應用軟體需要用到哪些功能？於是她又回到電腦螢幕前。

正當小艾在胡思亂想做白日夢感謝一堆人的時候，雨雯拿了一些他們公司以前所執行過的企劃案來給小艾閱讀，她認爲這樣可以讓小艾對公司曾經做過的事情有多一點的了解，使他加速融入公司的體系與文化。

其中有一份圖文並茂的多媒體英文教學百科軟體製作企劃，特別吸引小艾的注意，它的大義是：

「如果今天我們有一台可顯示多媒體的電腦，我們當然不希望軟體執行時，顯示出來的還是一些文字，這未免太遜了。我們希望它能出來一個影像、一個動畫。舉例來說，在文字電腦裡面，當我們打進W、H、A、L、E，它就會顯示出中文字義『鯨魚』。而在多媒體電腦裡面，則會有一隻可以三百六十度旋轉的鯨魚動畫，讓你看到鯨魚的各個剖面及內部構造，並且有鯨魚在海裡游泳的影片，然後還可以用中英文雙語告訴你鯨魚的品種有多少類、牠們的生活習性、生長條件等等；如果我們再輸入『鯨魚生小孩』的句子，那麼電腦就會秀出一隻鯨魚分娩時的影像；此外，還要有鯨魚平時的叫聲及生產時的呻吟

出色的軟體工具，使多媒體工作者有如神助。

聲，或者甚至牠們彼此交談的聲音伴隨著海潮聲播放出來，產生多種媒體的效果。總而言之，就是要凸顯多媒體電腦能夠做的，跟文字與圖像電腦能做的不一樣。」

下面在做法説明部份，這份企劃又指出公司需要發展的多媒體應用軟體包括：輸入英文字W、H、A、L、E，就會顯示出鯨魚的影帶；輸入「鯨魚生小孩」的句子，就會跑出鯨魚分娩的影像；按下某一個選項，就能聽到鯨魚的叫聲……

多媒體工作者的強身補藥

雨雯沒等小艾翻完這些企劃案，又丟了一疊介紹軟體的資料給他。

「這些都是我們製作多媒體節目時，可能運用到的軟體工具。你必須先了解這些工具，才會知道你的創意可以發揮到什麼地步。製作部門跟你說有困難時，你也會比較知道該如何與他們溝通。」雨雯講話的調子一向很嚴肅，但小艾在她眼神裡卻捕捉到滿盈的溫柔。

於是他用心地看完所有軟體工具的介紹，並整理出了一份筆記：

(1)繪圖軟體工具。

依其使用目的可分爲三類。

a.第一類以描繪圖形爲主，例如微軟視窗軟體中的小畫家、CORAL DRAW、PAINTER等，它提供了畫筆、噴墨、調色、繪製基本圖形等功能。

b.第二類以產生圖形或圖案爲主，例如VISIO、ILLUSTRATOR等軟體，它們能支援豐富的圖形樣本，好讓使用者能很快的產生流程圖、架構圖或圖表。

c.第三類則以工程製圖、動畫設計或模擬爲主，例如AUTOCAD、3D STUDIO等三度空間的模型動畫軟體，它能提供複雜的功能，但使用者須有建築、機械或3D模型等方面的專業知識才較易上手。

(2)影像處理軟體工具。

如PHOTOSHOP、IMAGEPALS及IMAGE FOLIO等，可以把掃描器輸入的影像或圖片，做修飾、改善或特殊處理。主要的功能有三項。

a.第一項是加強影像的品質。有些相片因拍攝或其它因素，影像品質不佳，如對比不夠或色調偏移，有些則是在掃描輸入時，因掃描器的光學特性，導致影像太暗，都必須藉助影像處理軟體，來達到改良品質的效果。

b.第二項是製造特殊效果。有時我們希望在輸入的影像上加一些特殊處理，例如油畫效果、馬賽克效果、立體圖或浮雕等，在以往，這些工作都必須採用特殊攝影方式處理，而如今都可在電腦上使用影像處理軟體來達成。

c.第三項則是影像的合併、重疊與編輯。通常我們需要將影像中的某些部份加以修改，如刪除、變亮、變暗等，有時我們需要合併或重疊兩張圖片，或加上文字，這些都可輕易的用影像處理軟體來達成。

(3)動畫製作軟體。

動畫是利用人類眼睛視覺暫留的特質而發展出來的，如果我們將一些圖片，以每秒鐘二十張以上的速度播放，則人的眼睛會感覺到這些圖片是連續的動作，這就是卡通動畫原理。

以往的卡通圖片，都是人工繪製，非常耗費人力及時間，但由於電腦技術的進步，使得我們不但能在電腦上製作、編輯動畫，而且能提供新的功能，如圖片旋轉、顏色循環、淡出淡入等各種特效，並且使修改工作變得非常容易，目前，我們已經達到不但能在電腦上製作，還能在電腦上播放動畫的境界了。

PC上製作動畫常用的軟體有ANIMATOR PRO、DIRECTOR、3D STUDIO、TRUE SPACE等。

(4)多媒體的製作與編輯軟體。

在多媒體節目製作流程中，當專案小組把內容開發階段所需要的多媒體元件都製作完成時，例如當我們已製作出一個多媒體節目所需要的所有多媒體資料，共計文字說明四十段、動畫檔八個、影像檔二十五個、音效檔三十個、視訊檔六段。這時我們就需要多媒體製作與編輯軟體，來依據原先設計的腳本，將這些零散的資訊檔串接在一起。

這個整合軟體能控制在什麼時候、什麼狀況下，那一份多媒體檔案會出現在電腦螢幕上。就如同演舞台劇，雖然演員與道具都準備好了，但還是需要一位導演坐鎮指揮，由他來控制整個演出過程，決定什麼時間、那位演員或道具該出場或退場、決定什麼時候該出現預先準備的音效等。

目前市面上使用最多的三種整合編輯軟體分別是AUTHORWARE、DIRECTOR及VISUAL BASIC。AUTHORWARE是以教學設計流程的觀念來整合資料檔的，比較適合於教育性軟體的開發；DIRECTOR是以導演的眼光、以舞台導向的方式來進行資料檔的整合，比較適用於遊戲、娛樂軟體的開發；而VISUAL BASIC是微軟公司的產品，要使用它，最好具有程式語言設計的基礎，否則難以運用自如，而前二者都不必有程式設計經驗。

雖然用VISUAL BASIC作爲整合工具，開發時間較長，但它所製作出來的產品，執行效果較快並較好，這對於某些多媒體節目而言，是很重要的考量因素。

這些軟體都是多媒體工作者的強身補藥，讓電腦可以發揮所長，製作出各種炫奇魅惑的作品來。

理想要靠專業來實現，美蒂在心中虔誠地爲小艾加油！她希望小艾能勝任這份多媒體企劃的工作，同時把理想灌注進工作中。畢竟這個世界上有太多人只是爲了餬口或滿足自我的成就而工作，如果以這樣的心態來從事像多媒體這類的傳播事業，那麼社會大眾所得到的會是什麼樣的傳播內容？冷漠、疏離、競爭、暴力越來越多，良知、寬容和對別人的關懷則越來越少……美蒂不敢想下去。她希望自己不要變成一個以自我爲中心的人，她希望自己能融入歷史及宇宙的洪流裡，成爲凝聚大我力量的一份子，而不是一顆逸出星圖軌道之外的流星，雖然耀眼，卻沒有情感和身分認同；雖然可能得到別人一兩聲的驚嘆，但結局依然是殞落在天外，不關心任何人、也不會受到任何人關心，甚至還可能在率性的墜落之後砸到無辜的生靈。

多媒體電腦的戰鬥裝備

正在美蒂沈思的當兒，電腦發出「叮」的一聲，螢幕下方出現有新郵件送達的訊號，於是她連上e-mail信箱，發現一封從Z網站寄出的信件，帳號是IJJ@Z.com.tw，美蒂把它打開來，一縷低柔悅耳的男聲傳出來，唸著郵件上面的內容：

美蒂：

妳好，希望我的故事能帶給妳一些啓發，並讓妳對「多媒體」有更多的認識。我猜妳的電腦裡應該有音效卡，所以妳現在可以聽到我的聲音。音效卡是多媒體電腦中很重要的一項配備，透過它，電腦不但能發出聲音，也可以錄製及編輯聲音。音效卡中有四個主要部分，即錄音與放音電路、音量調整及輸入混音電路、MIDI音源模擬器電路、MIDI介面電路，有些音效卡還有光碟機界面電路。

對於每天和妳朝夕相處的電腦，妳有沒有更加瞭解它了呢？

艾俊傑

眞的有艾俊傑這麼一號人物嗎？而且他現在竟透過e-mail對她說話了！這眞是太神奇了！看完這封信，美蒂驚訝得闔不攏嘴！她剛剛還在爲這位書中人加油呢！現在他竟寫信來了。艾俊傑怎麼會寫信給她呢？他怎麼知道美蒂在看他的故事？他又是從何處得知美蒂的網址？難道他在Z網站埋伏了羅伏（Rover）小精靈這類的程式，可在極短的時間內查出系統內所有使用者的資料？

美蒂看了一下鬧鐘，現在才四點多，不知艾俊傑是跟她一樣早起，還是一夜沒睡？這到底是怎麼一回事？有五分鐘的時間，她心裡盤旋著一股衝動想打電話向康寶寶求教，但是一想到他那副志得意滿的嘴臉，就又忍不住詛咒他「驕者必敗」，因而按捺住自己紛亂的思緒。另一方面，由於某種她自己也說不清楚的因素，美蒂希望能保有這個屬於自己的祕密，不必和任何人分享，因此她更加堅定要靠自己找出答案。而最簡便的方法似乎就是——直接問艾俊傑！

於是美蒂用影音快捷郵件軟體及網路攝影機，把自己的聲音及影像錄製成回信，她說道：

艾俊傑：

你好，我是美蒂。很高興能認識一個有理想的人，可是你是如何知道我在看你的故事的呢？有好多問題想請教你，是否能見個面？

美蒂

美蒂把信發出去之後，略微調整了一下心情，便繼續看《艾俊傑檔案》。

隨著電腦科技的進步，多媒體事業與電腦的結合也日趨緊密。小艾為了增加自己的專業與適應未來社會變化的能力，決定要買一台電腦回家。

因為要使用電腦播放多媒體節目，所以小艾需要的是一台多媒體電腦，所謂的多媒體電腦，就是在一般的電腦上再添加一些軟、硬體設備，使它具有處理和播放多媒體節目的能力。

最基本的多媒體電腦，從硬體方面來看，便是在一般電腦上加裝音效卡、MPEG視訊解壓縮卡、影像捕捉卡、電視信號轉換器與光碟機，再配合喇叭及麥克風；此外，還需要軟體的配合，像微軟的中文視窗環境，各種多媒體介面卡的驅動程式，以及各種多媒體檔案（如動畫檔或視訊檔）的播放及驅動軟體等等。

「哈，這些配備我都有，原來我的電腦也可以叫做『多媒體電腦』！」美蒂得意地再往下看：

目前市面上所賣的個人電腦幾乎都具備了上述的基本多媒體電腦配備，但由於生產電腦的廠家很多，音效卡和光碟機也有很多種，如何確保這些設備間彼此相互搭配，不致產生無法執行某些軟體的困擾，便需要定義一個共通的多媒體環境規格，讓生產者來遵守。

因此微軟公司及一些軟硬體廠商乃共同制定了MULTIMEDIA PC（MPC，多媒體電腦）規格，定義了最低的多媒體電腦需求標準，這個標準根據技術的進展，也逐步提高，由早期的LEVEL 1而LEVEL 2到最新的LEVEL 3。軟硬體廠商的產品只要通過MPC的認證，便可以使用MPC的標章，而有此標章的產品，一定可以執行MPC的軟體，因此使用者只要確認到所買的產品有MPC LEVEL 3標章便可放心採購了。

此時，又聽到「叮」的一聲，有新郵件來了！美蒂有一股奇異的預感，這一定是艾俊傑發過來的信。速速打開電子郵件信箱，看到寄件者的帳號果然是IJJ@Z.com.tw，美蒂興奮得心臟都快從喉嚨跳出來了。

這次的郵件，不僅有文字與聲音，而且還有影像！

美蒂：

很抱歉，我不能回答妳太多問題，箇中原委以後自然會告訴妳。反正，所有的問題都與多媒體電腦有關。目前我就先以我推斷妳應該知道的事情來介紹給妳認識，請多包涵。附上一個影音檔案，是用V8拍完後，以MPEG方式壓縮再行儲存的，所以如果妳要看這個檔案，妳的電腦裡就必須有安裝MPEG視訊解壓縮卡，將被壓縮的原始數位資料還原後才能夠閱讀這個檔案。我知道妳的電腦裡一定也有這項配備，祝妳讀信愉快。

小艾

所有的問題都與電腦有關？

「不知道我的整個人生是不是都跟電腦有關？」美蒂喃喃自語的同時，也忖度著，艾俊傑怎麼能這麼有把握地確信她的電腦裡有MPEG卡？他這麼不嫌麻煩地用這麼多道手續，只爲了要讓她了解MPEG的用途嗎？

美蒂懷著滿心的困惑，打開了隨信附帶的影音檔案，她的電腦螢幕裡出現一位相貌英挺、態度親切的青年，坐在一台大螢幕的桌上型電腦斜前方，他和他的電腦螢幕同時面對著美蒂。同時，他的電腦螢幕裡還有一隻貓在吃豆酥鱈魚，並且不時發出輕微咬嚙碎肉的聲音。

「哈囉，美蒂，我是小艾！不好意思，只能用這種方式跟妳見面。這台就是我的寶貝電腦，裡面住著我的電子寵物霹靂貓，我都叫牠小霹。如果碰到喜歡的食物，牠總會吃得忘情，然後就忘了禮儀……相信妳已經聽到牠吃東西的聲音了！」

艾俊傑轉頭對他的電子貓「喵喵」叫了兩聲，小霹敷衍似的也回應了一聲，忙又低頭吃牠的大餐。小艾笑著把臉轉向美蒂，繼續說：

「小霹之所以能夠誕生，就是因爲我們在製作的時候，電腦裡有裝設影像捕捉卡。一般來說，用掃描器可以把紙張上的圖形或相片資料輸入電腦，但如果要把攝影機或錄影帶上的視訊資料輸入電腦，就必須使用影像捕捉卡。影像捕捉卡又分爲動態與靜態兩種，靜態影像捕捉卡可以擷取單格畫面，而動態影像捕捉卡則可抓取一段影片，把類比的視訊轉爲數位的電腦視訊檔，也就是我們所謂的影像捕捉卡。」

小艾邊說邊從他的電腦中叫出一個檔案，裡面的內容是電腦內部構造圖。

「從這個圖裡，妳可以看到各種插卡的位置。另外這裡還有一個影像重疊卡，它可以把類比視訊和電腦畫面重疊在電腦螢幕上。」

小艾用手指在構造圖裡標示「影像重疊卡」的位置比了一個劃圈的動作，隨即又恢復正面面對鏡頭的姿勢。

「不過，某些時候我們又必須將電腦畫面轉爲電視畫面，所以就需要電視訊號轉換器。透過電視訊號轉換器，我們可將電腦畫面上的訊息轉到電視機上來看，也可以接到錄影機錄製下來。很多人在做完電腦動畫後，用這種設備把動畫錄製下來，效果比用一般攝影機直接對著螢幕拍攝要好多了。」

說畢，他把構造圖的檔案結束，霹靂貓又出現在電腦畫面中，牠已經吃完大餐，開始用舌頭清理自己的手腳。

「今天的多媒體電腦導覽到此告一段落，後會有期，拜拜！」

影像圖檔結束，美蒂卻仍戀戀不捨，又把圖檔打開重複看了兩三遍。直到她的電腦裡所設定的「最遲起床時間通牒」鈴聲大作，電腦語音開始重複播音：「美蒂，妳要遲到了。美蒂，妳要遲到了。……」

若再不去盥洗，今天上學就眞的要遲到了，美蒂這才心不甘、情不願地離開電腦桌前。

其實，除了前面提到的音效卡、MPEG卡、光碟機等等配件，如果經費充足，又有玩家的精神，像美蒂和小康，亦可視需要逐步擴充裝備。例如，能夠掃描平面文章或圖像的掃描器，可以在上面書寫或畫圖的特殊筆墊（PEN PAD），還有網路攝影機、影像攝影機（VIDEO CAMERA）等等。

影像攝影機能把文字、圖像、聲音、音樂、動畫及影像等元素，以視訊拍攝方式同時掃描進電腦，不論是一罐可樂或一個活生生的人，都能夠錄製進電腦的影音檔案中，然後透過網路傳送給別人，或進行同步面對面的電話連線，亦可藉此執行視訊會議。

此外，美蒂目前想要存錢買的，便是3D雷射掃描器，她在康寶寶家裡看過。康寶寶曾經用此器材把一個石膏像掃描出來，然後依照這尺寸，用虛擬實境軟體在電腦裡做了一個完全精確的複製品，讓她戴上虛擬實境頭盔及手套，便能觸摸到那石膏像上的每一條細紋。

由於康寶寶對電腦的鑽研比美蒂深入，家境也比美蒂家富有，因此他在電腦周邊的配備上，也比美蒂的配備多樣。除了3D（三度空間）雷射掃描器，像是能把圖像、花紋等印在立體物件上的三度空間印表機（3D PRINTER），可依照3D雷射掃描器所讀入的資料複製出一模一樣尺寸造型的三度雕刻機（3D CARVING MACHINE），還有可傳送各種物體質感的接觸感應器（TOUCH SENSOR）。

美蒂對康寶寶家的印象就是，走進康寶寶的房間，便宛若走進科幻電影的場景。

第三章

多媒體節目

電腦多媒體興盛以來，我們常可以在廣告或報章雜誌上看到「CD TITLE」這樣的字眼，到底什麼是「CD TITLE」呢？「CD TITLE」就是多媒體節目，而 TITLE 就是節目的意思。就好像你在看《鐵達尼號》的錄影帶時，可以從電視上看到整個節目的內容，這時這捲錄影帶就是一個 TITLE，只是它的播放平台是電視與錄放影機⋯⋯

收音機誕生於一九〇〇年，電視機發明於一九二五年，傳播科技發展到今天，有線電視、衛星、地波、微波傳播等，也都已行之有年。江山代有才人出，接下來會是誰領風騷？只要瀏覽一下報紙，看看現今數位科技蓬勃沸揚的資訊新聞，應該不難猜想出答案！

不需要憑藉體力，依然能讓人覺得刺激好玩的休閒活動，就是觀賞電腦多媒體節目。

既節省體力又刺激感官的休閒方式

今天早上實在是太早起床了，美蒂連續三堂課都在用自動鉛筆的筆頭刺她自己的大腿，可是依然兩眼發花，頭昏腦脹。第三堂上大一英文，她居然還做起夢來，夢到外籍老師變成人面恐龍身的怪獸，在恍若電影《侏儸紀公園》的原始森林中漫遊。

第四堂是電腦實習課，美蒂和康寶寶在電腦教室碰頭，入座之後，美蒂便把夢到英文老師變恐龍的事告訴小康。小康聽罷哈哈大笑，馬上用「小畫家」

還沒貼上英文老師照片的恐龍。

軟體畫了一隻長相很隨便的恐龍，然後連上學校內部網路中的師資簡介檔案，把英文老師的照片拷貝下來，用PHOTOSHOP軟體修剪之後，貼在恐龍頭上！

美蒂被康寶寶逗得玩性大發，便開始爲恐龍配音，她壓低嗓門、粗聲粗氣地說：「我是全世界最兇猛、最殘忍的暴龍，我很醜，也很笨，可是我會講英文。」

小康用錄音程式把美蒂的配音錄下來，存入檔案中。

「我們來投稿！」

「投什麼稿？」美蒂不解。

「小笨蛋，我不是叫妳看Z網站嗎？妳沒看？」

「哦，呃，嗯……」美蒂結結巴巴不知要不要回答這個問題。

「喔，服了妳，我叫妳看Z網站的意思，其實只是要妳看看這種新興媒體，它跟報紙、電視那些舊式的媒體很不一樣，妳不但可以像看報紙一樣在上面看到國家大事、國際新聞、藝文消息、流行動態，還可以像看電視『視訊隨選』節目一樣，在任何妳方便的時間選擇妳想聽、想看的節目；除此之外，它也等於是一間視聽圖書館，會不斷增添儲藏很多電子書、音樂帶、電影、電視影集、電視遊戲……這些全都算是這個網站裡的節目，而且它可以容許很多人同時上網去閱聽一個節目，不像借書或借錄影帶，如果已經被借走，我們就只好排隊預約等前面的人歸還。」

「嘿，等一下，你說還可以玩電視遊戲？」

「對啊！我們可以從網路上下載網站裡提供的互動式電視遊戲，還可以和網路上其他上網的人一齊玩遊戲，例如玩大老二啦，打麻將啊，或者是打棒球也可以呀！」

「咦，這樣一來，我們女生跟你們男生打籃球、打棒球，也不會有性別或

網路線上購物讓你不出門也能買菜。

體能上的限制囉？」

「是啊，妳看，女男平等了吧！而且啊，最炫的是Z網新聞，有虛擬實境的呦，什麼巴西嘉年華會、台南鹽水蜂炮，通通可以『帶你到現場』。他們的口號就是『Z網新聞，讓你置身現場』！像以前警察與那種兇惡歹徒槍戰的場面，好比警方大戰什麼陳進興之流的，都可以讓我們在家體驗那種臨場感，不必冒著生命危險去圍觀。」

「哇，這樣製作費應該不少吧？那我們上網又沒付他們錢，他們靠什麼維持經營？」

「網路線上購物和廣告啊！現在電視上的廣告，未來將會出現在網路上，而且閱聽人可以選擇自己想要看的廣告。這種新型態的廣告，不會再像以前那樣只能單向傳輸，而是可以雙向溝通，例如廣告商可以進行意見調查，閱聽人也可以加入意見。同時，閱聽人也可以透過這些廣告，訂購商品，然後利用電子銀行系統付款。」

「眞的？這麼厲害？那以後報社、電視公司、唱片行、錄影帶租售店這些機構和商店根本無法跟它競爭，不就都要關門大吉了？」

「他們可以整合或轉變經營型態，企業併購或企業聯盟都是可行的因應方法，這個就不用勞駕妳操心了！」

「噢，那你剛說投稿是要投到哪？」

「Z網站也有家庭、娛樂、生活園地，我們做的這隻恐龍，就可以當作小笑話來投稿「博君一笑」的單元啊！」

所以，我們用多媒體電腦來播放及賞閱多媒體節目的方式，除了一般大眾已知的光碟之外，還有另一種途徑，即經由網際網路與多媒體節目商連線。像康寶寶所說的Z網站，就等於是一個多媒體節目商，未來，我們只需透過電腦網路，確知節目商可供應的節目內容，然後把我們的需求告訴節目商，他就會把我們想要的節目傳送過來。這亦是「視訊隨選」觀念的運用。

CD TITLE

星期六一整天，美蒂都在爸媽的果園裡幫忙。晚上簡單的用過晚餐，她就迫不急待回到電腦桌前進行她的「休閒活動」。

連上網路後，e-mail信箱內有二份新郵件，一份是小康祝她週末愉快，美蒂唸了一聲「無聊」，就把這封信刪除。第二封信則令人振奮多了，是艾俊傑傳來的，內容寫著：

美蒂：

放假時別忘了抽一點時間繼續看《艾俊傑檔案》喔！

週末愉快！

小艾

小艾的來函與康寶寶的短訊，在內容上，其實是一樣無聊。但是由於目前小艾是美蒂心目中的紅人，所以她非但不以忤，而且還巴不得多收到幾封像這樣好似要開始熟稔起來的問候信。

正當美蒂這麼想的時候，電腦又「叮」的一聲送來了新郵件。看到寄件人的帳號，美蒂的臉上泛起一陣紅暈。

美蒂：

讓我猜猜妳在想什麼，妳一定在想——我要知道更多有關多媒體電腦的資訊！

關於這方面，我絕對是義不容辭可以幫忙。

隨信附寄圖檔，請賞閱。

小艾

圖檔內依然是小艾如春風般和煦的笑臉，還有他的電腦和霹靂貓。一想曹操，曹操就到——美蒂吃吃地傻笑起來，小艾彷彿都知道她心裡在想什麼，她開始把小艾視爲她的青衫知交了。

「電腦多媒體興盛以來，我們常可以在廣告或報章雜誌上看到「CD TITLE」這樣的字眼，到底什麼是「CD TITLE」呢？「CD TITLE」就是多媒體節目，而TITLE就是節目的意思。就好像你在看《鐵達尼號》的錄影帶時，可以從電視上看到整個節目的內容，這時這捲錄影帶就是一個TITLE，只是它的播放平台是電視與錄放影機。」

小艾拿起一片光碟，繼續說道：「如果將一套電腦輔助教學系統或遊戲軟體放入一片光碟（CD-ROM）上，那麼就可以用一台多媒體電腦來執行這片光碟，同時我們能從電腦螢幕上看TITLE的內容，這種光碟片就被稱爲「CD TITLE」。目前市面上的多媒體節目種類繁多，娛樂類、參考書類、教育訓練類、公司簡介類及導覽系統等等包羅萬象；而且每一個類別當中，又有許多的內容不斷被製造成光碟生產出來，因此要選擇一片好的CD TITLE還非得多看多聽多比較呢！」

鏡頭逐漸拉長，小艾所在的空間展露出了一個模糊的輪廓。雖然拍攝時的焦距是對在小艾身上，但仍能看出背景是粉刷了淡藍色的牆面和同色塑膠地板，以及純白色的沙發和雪白的落地窗簾。美蒂猜想，那大概就是小艾的家吧！

畫面中的小艾雙手往大腿上一拍，然後一邊說話、一邊站起身來，美蒂估計他的身高應該有一百七十五公分以上。

「好啦，晚餐時間到了，我要出去覓食囉！順便看看最近又出了哪些新光碟。拜拜！」

這次的帶子不是他自己拍的！

美蒂從拍攝手法推測小艾在跟她說話的同時，身旁還有其他人。換句話說，她把他們之間的交往視爲一個祕密，但他的看法可能並非如此。

關閉電子郵件信箱後，美蒂迅即選取網路「書籤」中的《艾俊傑檔案》閱讀，這是目前最能夠幫助她認識艾俊傑的媒介。她依照目錄的順序讀下來，這次該看多媒體節目的製作流程。

多媒體節目的製作流程

進公司以後的第一次企劃會議是實戰經驗的開始，小艾和雨雯爲花飛軟體公司的虛擬實境教學軟體專案提出一個類似電影《回到未來》的故事，名爲《超時空高速公路》，結合眞人實景拍攝與電腦動畫，用以作爲「虛擬實境」這門課程的宣傳簡介。

由於虛擬實境是未來多媒體時代最具娛樂及教育價值的科技展現，所以這個教學專案的訴求對象必須囊括十歲至五十歲之間的男女兩性閱聽人，使其盡量普及。因此，製作方向上也應當務求輕鬆活潑，但不能流於膚淺幼稚。

小艾草擬的故事內容，是藉由虛擬實境的科技技術，讓幾位青少年主角得以穿梭於他們與他們的祖父母年輕時期的兩個世代之間，感受不同歷史階段的差異；在做法上，兩個世代之間，從都市景觀的變動、風土民情的影響、日常用品的便利性到服裝材質的觸感等等，皆可讓閱聽者透過虛擬實境的軟體與設備，跟隨主角們一起參與。

同時，在與閱聽者之間的互動性方面，小艾也構想了一些簡單的模式，例如閱聽者在虛擬實境中可與主角們一起搭祖父母輩那個時代的公車，而且可自由選擇座位，所以有可能遇到不同的乘客來到他們身旁，而發生不同的對話或狀況。

掌握了閱聽對象，以及客户的興趣與需求，使這個企劃案很順利地得到公司及客户的支持。接下來就是與專案經理、虛擬實境的課程專家商議執行方法、分配預算、確立流程及擬定工作進度。

多媒體節目的製作，有一個大致的流程，即企劃規劃↓腳本設計↓內容開發與製作↓整合編輯↓測試評估↓量製銷售。無論我們要製作那一種模式的多媒體節目，都是依據類似的程序，只不過在規模及人力運用的大小程度上會有所不同罷了。

企劃及流程規劃屬於前置作業，前置作業完成，便進入「腳本設計」階段。

因爲小艾和雨雯兼做企劃與腳本撰寫，所以專案經理會時常召集他倆與媒體專家、課程專家、界面設計人員，共同討論如何表現此多媒體節目的特色與精神，使所有部門達成共識，並確定腳本。

有了確定的腳本，專案經理才能著手發包給開發內容的製作群去製作，並統一大家的工作內容及目標，不至於各想各的、各做各的，到頭來如果不合用，還得再投入人力、時間、金錢重新作起，所以一份清楚、明確的腳本是相當重要的。

內容開發與製作

在多媒體節目的製作流程中，「內容開發與製作」包括了圖文編輯、影像處理、聲音及配樂、動畫、視訊製作幾個部份，是製作多媒體時最主要也最費時的階段，因爲專案中所需的所有多媒體元件，都是在這個階段完成的。而某些「配角」模式的多媒體專案，在此階段完成後即算大功告成。

何謂「配角」模式？我們用電腦來製作的多媒體節目，有兩個應用方式，一種就是與廣告或電影搭配，例如廣告節目裡的一段電腦動畫，電影《魔鬼終結者》裡的液態金屬人，或《侏儸紀公園》裡栩栩如生的恐龍等。電腦做出來的東西只是輔助整個節目的運作而已，此即「配角」模式。

另一種則是「主角」模式，例如迪士尼的卡通片《玩具總動員》，或者像《紅色警戒》、《仙劍奇俠傳》等遊戲軟體，就是全部用電腦製作完成的。

小艾和雨雯這次的企劃屬於「主角」模式。他倆把腳本寫出來，藝術指導也把劇中人物的造型、將會出現在動畫中的各式日常用具及城市景觀等等設計出來了，雙方與專案經理溝通確認之後，便交由影像拍攝公司及電腦動畫公司的人員製作。

於此同時，課程專家也開始著手進行配合這個節目的教學軟體規劃，並與介面設計師、程式設計師研究技術上可增加內容變化的可能性。

在動畫方面，傳統動畫須把所有動作的銜接都畫出來，然後用攝影機將一連串停格的動作拍下來；銜接的張數越多，放映時所呈現出的畫面就越平順。電腦動畫則只要把動作的起點與終點設定好，電腦便能自動計算，完成連續的動作。

到了後製作階段，則需要電腦美術人員來設計精美的包裝封套；影像處理人員來合成或調理出精緻動人的影像；音訊工程人員、配音人員、配樂作曲人員完成專案中所需要的各種音效及配樂；視訊製作與工程人員擷取相關視訊，並製作專案所需的電腦視訊檔，以方便後續的整合作業。

此外，專案經理還需要不定期地向法律顧問徵詢智慧財產權法務方面的意見，以免在多媒體節目上市後，被人控告侵犯了智慧財產權，到那時可就無法補救了。

整合與評估

當各種類別的多媒體訊息製作完成後，接著便進入「整合編輯」的階段，此時需要媒體整合人員、系統整合人員、跨平台整合人員一齊來進行此工作，把前一個階段所完成的獨立元件，依照腳本上出場的順序整合在一起。

當所有多媒體訊息整合成功後，便完成了「多媒體節目」的粗胚，也就是

「實驗版本」，我們需要了解它是否好用？是否受到顧客歡迎？所以就要進行「測試評估」的工作。

在「測試評估」階段，我們需要請使用者及測試人員，幫我們測試這份軟體的適用性如何？是否有需要改進的地方？畢竟這些軟體是開發出來供社會大眾使用，以增加使用者的生活情趣或工作效率，所以我們需要找一些樣本顧客來試用，以決定如何將實驗版本加以調整、修改和潤色。

當粗胚經過不斷測試和修正，也獲得大家的滿意後，就要開始光碟片壓製和上市行銷的工作了。通常行銷工作的好壞對多媒體產品的銷售有絕大的影響，所以在專案進行中時，就要先尋求國內外的行銷管道，一齊來做產品上市的規劃、包裝和推廣工作。

小艾給我的電子郵件，會不會是一種新的行銷或產品測試手法呢？

這個想法在美蒂的腦中一閃而過，但她瞬即推翻了這個假設。因爲她不願意相信會有這種事。

資料壓縮技術

星期天早上，美蒂家的早餐時間已經結束了，她卻還沒起床，爸爸注意到她這兩天作息違常，且一副心神不寧的模樣，但是爸爸不確定美蒂希望自己調適，還是找親人或朋友幫忙？於是爸爸以家庭內部網路的WinPopup，從主臥室裡的電腦傳給美蒂一份邀請她喝下午茶的訊息。

美蒂睡到將近中午才起床，起床第一件事完全如爸爸所料，就是開電腦。她一打開電腦就發現爸爸邀她喝下午茶的留言，心裡又驚訝又喜悅——沒想到爸爸也有浪漫的一面！

她又連上網路查看e-mail信箱，沒有新郵件！期待落空，心情頓時頹圮了起來。不知道艾俊傑現在在做什麼？

美蒂行屍走肉一般吃午餐、看報紙，混到下午兩點，看到爸爸在院子裡油綠綠的草皮上架起大遮陽傘，精神才稍微振作了一點，上前幫忙鋪桌子、搬椅子。媽媽在廚房裡煮好咖啡，又做了一些小糕點，讓美蒂端去，就藉口有事要忙，讓他們父女倆單獨相處。

爸爸準備了一堆話題，和美蒂閒扯瞎聊，期盼能誘導她說出心事，但始終沒有成功。不過爸爸絕不會因此氣餒，對他來說，今天起碼達到了親子交誼的效果，讓美蒂知道她不孤單，雙親雖然不太管她，但卻對她非常關愛。他還是會繼續計畫下一步的親子交流活動，也許下次他就會直接了當地問她怎麼啦？

美蒂的爸爸親切隨和，平常不太多話，經營感情的態度是有點含蓄又不會太含蓄的那種方式，無論親情或友情皆然。對美蒂的管教，他向來不會管她在做什麼，但是美蒂若決定了要做什麼，他總是全力支持；若美蒂讓他覺得哪裡不對勁，他也總會暗自觀察，並尋找適當的時機來做一番委婉的探詢與開導。他的情感風格就是這樣能放能收，而且以智取，不以情緒轟炸。雖然他的愛的能量很龐大，卻彷彿電腦裡可以壓縮儲存的資料，在該出力的時候才完全釋放出來，絕不會無時無刻囉囉嗦嗦黏黏膩膩讓被愛的人有壓迫感。

在電腦多媒體普及的時代，人們的感情模式似乎頗適合用這種方式處理，就像電腦的資料壓縮技巧！因爲每個人的生活都漸漸在電腦上生了根，使用電腦的時候不想被打擾，但長時間與電腦相處之後希望被關懷。

而電腦的資料壓縮技巧又是怎麼一回事呢？

由於聲音、圖畫、視訊等多媒體檔案所需佔用的儲存空間比較大，所以我們需要想辦法把資料檔壓縮後再儲存或傳送，等到眞正要使用這個檔案時，再用解壓縮的方法把它還原。

(1)文字

先以文字壓縮來講，如果某甲要把「媒」體的「媒」字傳給某乙，甲就得把這個「媒」字切割成網狀的圖案，長與寬各分成十六格，再告訴乙說，第一點是黑的，第二點是白的，第三點是黑的……，乙那邊收到時，也是黑、白、黑、白的湊成一個字，這樣傳下來，總共需要32個位元組(BYTE)。因爲對電腦而言，中文字是一種圖像，所以今天我們要把中文字傳出去，就比英文字母需要更多的位元組。如此佔了太多的資料量，因此我們必須要想辦法壓縮。

中文字總共有四萬多個，我們可以把中文字先編好號碼，每一個字，只要用2個BYET的代碼就可以代表，1個BYTE是二百五十六種變化，再乘上另1個BYTE，也是二百五十六種變化，等於六萬多種的組合。甲送這2個BYTE的代碼給對方，乙就可以在他的編碼字典裡把這個字找出來。同樣的資料，剛才需要32個BYTE，現只需要2個BYTE傳送，這就是文字資料壓縮。資料經過壓縮後，傳送及儲存都比較快。

(2)圖像

再講圖像壓縮，假若我們今天要將一張藍天白雲的圖像傳送出去，爲了節省記憶體的空間和傳輸時間，我們就告訴對方1到50點都是藍的，51到80點是白的，就是用整體敘述來說明這一點一點的內涵。對方收到後，就依照所持的敘述，把1至50點通通畫藍的，51到80點通通畫白的，因此就把本來需要「第一點是藍、第二點是藍、第三點是藍……第五十一點是白、第五十二點是白……」這樣可能耗掉一千個BYTE的切割資料壓縮下來了；而壓縮後，可能只需要二百個BYTE或二十個BYTE即可。

(3)影像

同理，影像也可以壓縮。影像可說是資料量最大、最複雜的一種多媒體訊息，我們可以把它看成是一系列的圖像畫面與聲音的組合。譬如我們用電腦播放一段視訊資料，其畫面爲640×480點，每秒須傳送三十個畫面，那麼所需的資料量將爲：640×480×30=9,216,000 BYTES/SEC，約爲9 MB/SEC，即每秒需產生九百萬個位元組。

一小時的畫面共需9 MB×3600=32400 MB=32 GB（1 GB=1000 MB）。

即一小時的視訊資料約需儲存在五十片光碟上（一片光碟可儲存650 MB），至於資料傳輸的速度，若以六倍速光碟機900 KB/SEC的速度，傳送32 GB的資料量，約需十二小時才能傳送完畢，而聲音部份尚未包括在內。

爲了解決視訊資料龐大的問題，一般都採用下列方式減少資料量：

a.縮小視訊的尺寸：由640×480縮成160×120，畫面縮爲十六分之一，資料量成爲原來的十六分之一。

b.降低每秒畫面數：由每秒30個畫面降爲每秒15個畫面，則資料量可減半。

c.採用影像壓縮技術：採用MPEG或JPEG等影像壓縮技術也可以降低資料量。

一般的視訊壓縮都是同時採用這三種方式，來降低資料量，同時爲避免因爲CPU速度不同及畫面播放速度不同，所造成之聲音與影像無法同步現象，因此視訊資料要採用聲音與圖像交錯放置方式儲存，以達成同步播放的要求。

(4)聲音

在聲音壓縮方面，則是把聲音換成電波。有波紋的地方，我們把它記憶起來；空白的，就把它刪除。

第四章

多媒體與網路

由於網際網路（Internet）的興起，使得世界各地的電腦聯結在一起，目前透過網際網路所連結的電腦，將近一億台，預估到公元二〇〇五年，將達五億台，無論多遠的地方，天涯海角，只要有網路相連就不怕斷了訊息，而且能夠用電子郵件或網路電話迅即連絡，真正做到「天涯咫尺」，也構建了二十一世紀網路空間（Cyberspace）的基模……

人是社會的動物，我們透過和不同的人交談，分享工作與生活經驗，而擴大了自我生命的視野，這種交談與溝通，其實就是資訊或知識的交換。早期，我們用口耳相傳來交換或收集資訊；現在，則日趨倚賴電腦。

電腦是人類處理資訊的工具，它像是我們另一個可以隨處攜帶的腦袋，隨著通訊技術的進步，我們也可以透過電腦和電腦的連結，而能很方便的收集或與他人交換各類多媒體資訊。只是由於各類媒體訊息的特性不同，在傳輸上有難易之分而已。

多媒體訊息的傳輸

康寶寶的爸爸在海外開設工廠，常年不在家；媽媽是個幹練、要強的人，既不願放棄發展她的市場行銷企劃諮詢顧問事業，也不放心把孩子交給別人來帶，對環境品質又非常挑剔，在內外必須兼顧的考量下，就選了這處鄰近美蒂家園的半山上「隱居」起來，靠著電腦往外界打天下，而且頗有女強人的架勢。她對於做事情的要求，就是「快、穩、準」。

小康在媽媽的訓練與薰陶之下，養成了追求速度與效率的習慣。表現在閱讀方面時，不僅速度快，同時也懂得揀選自己需要的東西跳躍著讀。正如此刻，他也在Z網站上讀了《艾俊傑檔案》，只不過他的關照點和切入點與美蒂完全不同，因而也讀出了與美蒂不同的感受。

小艾騎摩托車載著雨雯，兩個人在馬路上飛馳著，正要前往《超時空高速公路》的拍攝片廠探班。熾盛的烈陽，把人烤得頭昏眼花，只恨自己發明不出來人體無線傳輸的交通系統。若能有什麼機器，人只要站進去輸入地名即可到達想去的地方，那該多好啊！

多媒體通訊在技術層面的終極夢想，便是讓所有的東西都能夠用無線傳輸。不過，目前無線的領域拓展，仍有待努力。

比方說，我們看電視時，中視、華視的節目是以無線方式收看，看TVBS就需要透過同軸電纜。我們打電話是有線的通訊，用大哥大就是無線的通訊。聲音（VOICE）、音樂（MUSIC）都可用電話機、大哥大傳送，也就是有線或無線皆可。

文字（TEXT）與圖像（GRAPHIC）用傳眞機傳輸是有線，而目前也能用無線的通訊來傳輸它們，例如可傳送文字的呼叫器。

動畫（ANIMATION）若是卡通或二個MEGABYTE的遊戲（GAME）軟體的形式，以有線通訊線路傳輸是沒問題的；但若要使用無線方式，恐怕就只能限定於一些操作較爲簡單的遊戲軟體了。

在視訊（VIDEO）部份，影像可以傳輸，但是因爲視訊的資料量太大，所以需要傳輸量大的通訊線路，目前電話線可傳輸的容量很小，不適合傳送視訊，但若採用頻寬較高的整體服務數位網路（ISDN），即能傳送視訊。目前數位化的視訊信號還做不到用無線的方式來傳送。

虛擬實境（VIRTUAL REALITY）的訊號特性與視訊類似，當然也需要整合服務數位網路（ISDN）的頻寬線路才能傳送。而虛擬實境的無線傳輸，目前在技術上也還是做不到。

多媒體訊息的傳輸方式，可以分爲有線與無線兩類……小康開始消化他剛才所讀到的資訊。那麼，如果我手裡拿了一樣東西，透過通訊網路讓全世界的人都看到它的模樣，這是用有線傳輸還是無線傳輸呢？

小康的答案是都可以！有線的方式包含ISDN、同軸電纜（Cable Modem）、重新利用電話雙絞線的DSL（Digital Subscriber Lines，數位訂戶線路）技術，無線則有衛星傳訊（Direc PC）、地面微波通訊等，均可運用在網路交通上。

那麼，人的思想可不可以用無線的方式傳輸給另一個人呢？比如說像「念力」這種東西。小康開始喃喃唸起：「美蒂，打電話給我。美蒂，打電話給我……」他打算「發功」兩分鐘，看美蒂是否能感應到他的「念力」向她傳達的訊息？

而此時的美蒂在做什麼呢？她剛剛和爸爸喝完下午茶，正躺在院子裡的草地上晒太陽。媽媽洗了衣服，也拿到這兒來晾。清爽微風徐徐吹拂的寧靜下午，突然圍籬外有人騎著摩托車停駐，向著院子內喊道：「馬美蒂小姐在嗎？」

美蒂起身迎上前去，是花店外務員送了一束瑪格麗特來，上面附著一張小卡片，卡片上寫著：

每天盯著電腦螢幕看太久對眼睛不好，偶爾也看看花吧！

簽收之後，美蒂的直覺引導她急忙衝進屋裡，直奔臥室，上網開啓電子郵件信箱，果然有艾俊傑的音訊！

美蒂：

相信妳已經收到花了。這束花是我在網路上訂購的，網際網路就是這麼方便！

小艾

美蒂覺得心裡甜滋滋的，彷彿人生又有了向前的動力。於是又繼續開始閱讀《艾俊傑檔案》。

同步式多媒體通訊──視訊會議

當我們打電話時，對方剛好在，則說的人與聽的人同時各在電話線的一端，這樣的通訊方式叫做同步通訊。但若當我們打電話時，對方不在，我們用答錄機留話，對方後來再從答錄機中，得知我們留下的訊息，這種方式叫做非同步通訊。

同步式多媒體通訊應用最廣泛的就是視訊會議和影像電話。以往的大企業或公司，由於子公司分散各地，要開會時不但各地的經理要辛苦往返總部，時間浪費不說，差旅費用也是一筆很大的開支，因此自從視訊會議產品價格大幅下降後，很多公司都開始裝設視訊會議系統，來提高企業的溝通效率。

俊傑和雨雯所任職的ＩＤ多媒體公司也不例外，由於今年夏天特別熱，一走出冷氣房就讓人覺得身體快要融化了，於是雨雯說服ＩＤ多媒體公司的老闆，以及動畫與影像拍攝公司等外製單位，一起購置了視訊會議系統的產品。如此一來，以後要開會、核對進度、確認製作細節或到拍攝片廠探視，便都只要透過視訊會議系統即可，不必再到處跑！

新產品啓用的那一天，雨雯興奮地說：「那天下午騎摩托車到北投去探外景的班，差點被烤成人乾！現在我們有了視訊會議系統，以後只要坐在公司裡，就可以一邊吹冷氣、一邊和他們打招呼了！」

「什麼是視訊會議系統啊？」小艾提了一個很不上道的問題。

雨雯在他頭上敲了一記，「你這樣不行哦，在我們公司上班應該要多了解一點電腦方面的資訊才行！」

看小艾一臉無辜的樣子，雨雯便又進一步解釋：「視訊會議系統是一種應用多媒體通訊功能的方式，以最簡單的點對點間的視訊會議來說，我們在個人電腦上安裝視訊會議所需要的軟、硬體，就能讓位在兩個不同地點的人從螢幕上看到對方，還可以選擇所要觀看的視野，也能聽到彼此討論的聲音！」

「我懂了，就好像影像電話一樣，對不對？」

「有點像，但是視訊會議系統更厲害！如果我們開會的時候需要補充文字或圖表說明，除了可以透過傳眞機或電腦傳送給對方，也能共用電腦內的電子白板，來邊寫邊談組織內的議題。」

「所以妳今天早上就是自己在安裝這玩意兒啊？」

「對呀！這種點對點的系統不管是安裝或操作都很簡單，我自己來就成了，不需要請專業人員來負責。如果是多點的視訊會議系統就比較複雜，需要有一個多點控制系統（MCU, Multiple Control Unit）來管理多點間的視訊畫面切換，還要指揮各點間音訊的合成與交換，這種技術就需要專業人員來操作了。」

現在，距離康寶寶「發功」完畢後五分鐘，他和美蒂同時在他們各自家裡的電腦上看到《艾俊傑檔案》的這一個段落。

這一段文中提到的「多點視訊會議系統」提醒了小康，媽媽將為一家製造電腦相關產品的企業做一個企劃活動，舉辦一場有關於多媒體與網際網路結合的大型研討會，名為《多媒體時代新環境生活觀》，一方面作為回饋社會的企業形象美容，一方面也順帶推廣視訊會議系統產品。這場研討會，正是利用同步視訊會議系統，讓分散在全國各處的青少年朋友及社會人士都可以於同一時間在自家參與這場盛會。報名不收費用，有報名就可以在學者專家座談後發問或發言；若不想報名，也可以在當天連線上網旁聽。

這種同步通訊的技術，可以應用在很多不同的領域中。例如目前有許多台商，因工作繁忙，不克前往大陸督察業務，即可利用視訊會議系統和攝影機搭配，瞭解大陸各地分廠廠房搭建狀況，和工廠運作情況。

還有遠距教學。大學裡由於教室場地的限制，使得每門課能收的學生有限，而有時分校的學生招收人數不足夠開班，此時就可以利用視訊會議系統，作一點對多點的同步式遠距教學應用。其做法是，將講師的授課內容以麥克風現場收音、攝影機現場錄影後，再透過視訊網路，將影像及聲音傳送至遠端學生處；然後，網路將講師端的訊息傳到電視螢幕上，學生在聽課的同時，亦可透過面前的麥克風，回答問題或發問。

美國史丹佛大學是國際知名的大學，以培訓電子、電腦人才聞名遐邇，由於鄰近矽谷，成爲許多矽谷科技人員學習、進修的好場所。但是這些在職人士工作繁忙，無法親自到校上課，所以都用遠距學習的方式進修課程或學位。

史大有九間電化教室，專門提供給要做遠距教學的教授上課，幾乎有九成的史大電機系與電腦課程，都有遠距學生選修，他們進修的方式有兩種，一種是採同步方式，運用視訊會議系統和教室內的同學一齊上課，另一種方式是觀看史丹佛教學電視網所播放的教學錄影帶。

同步式學習的好處，是遠地學員有課堂參與感，和固定的上課時間表，老師能即時回答學生的問題，比較不會因爲事忙而脫課，但是上課者也失卻了時間挪移的彈性了。這是企業員工在多變化的工作環境下很難忍受的事。

但是在新世紀，由於網際網路和企業網路的快速發展，企業員工需要不斷的學習新知識和技能，他們幾乎要花上十分之一的工作時間來學習，因此企望能夠有個「Any Time, Any Where」都能學習的環境，也促成了大家看好未來非同步式多媒體遠距教學的市場。

非同步式多媒體通訊——視訊隨選

俊傑在《超時空高速公路》的研究執行過程中，也接觸到了「虛擬實境」的多重空間遊戲（MUD，Multi-User Dimension），他連結上國外的MUD網站，與其他同時上網的陌生網友玩起角色扮演的遊戲，雖然英語不太靈光，但是靠著系統提供的情緒表情及肢體語言，一樣可以玩得不亦樂乎！

今天，他又在上班時間偷偷和翼手龍、八爪外星人大戰時，被雨雯逮個正著，當頭一掌擊在他腦門上！

「視訊會議系統這麼簡單的東西你不懂，上網玩遊戲你倒是很在行！原來你最近就是在忙這個，難怪公司發生了什麼事你都不知道。」

「公司發生什麼事了？」

「沒事。」

俊傑知道自己被雨雯耍了，但是因爲理虧，也就順勢賣乖：「這妳就不懂了，我是寓工作於遊戲欸。我現在不但搞懂了虛擬實境，而且還知道了什麼叫做『視訊隨選』！」

「願聞其詳。」

俊傑得意地開始背誦起他在網路上看到的一篇介紹視訊隨選的文章：「目前我們的有線電視系統是同步式播放，是單向的類比式多媒體訊息傳送；然而由於電腦和通訊科技的進步，使得美歐許多大電信公司已開始進行數位式視訊隨選的實驗。視訊隨選最重要的觀念就是，節目供應商提供一個顧客共享的數位式視訊檔案伺服器（Video File Server），這就如同是一個虛擬的錄影帶出租店，顧客在家裡用點播的方式，點選要看的節目帶，供應商就透過網路源源不絕地把該節目送至顧客家中，顧客也可用控制器執行視訊的暫停、快轉、慢速、倒帶等等功能，例如，雖然A、B、C三人都是該供應商的客戶，但在同時間，A可能看新聞節目、B看電影、C看運動大賽等。不像錄影帶店，假如它有十支《鐵達尼號》錄影帶，那第十一個顧客就要等待二、三天了。視訊隨選伺服器的好處就是可以儲存數位化的多媒體資訊，所以沒有傳送數量上的限制，它可以同時傳送給很多人。」

「記性不賴嘛！」

「那當然，我可是過目不忘的！」俊傑緊接著替自己開脫：「就像我現在正在『考察』的這個多重空間遊戲，也是利用視訊隨選的原理，把遊戲放在伺服器上，讓使用者在自己喜歡的時間上網享受。」

「那你還有沒有『考察』出什麼心得呀？」

「有啊！在視訊隨選環境下，顧客與供應商之間的關係是互動的。」

「互動啊？現在這已經不算新知了，可能連國中生都知道。」雨雯繼續說道：「視訊隨選的觀念也可推廣到遠距學習的應用，像我哥在史丹福唸書的時候，他們大學裡就有所謂的ADEPT計畫。」

俊傑總是逃不過敗在雨雯手下的命運：「拜託，說中文好不好，ADEPT是什麼鬼東西？」

「說來話長，史丹佛大學有一個部門叫『專職教育中心』，他們從一九九四年起，和史大電信中心合作，共同推動一個『非同步遠距教育實驗網路計畫』，英文名稱Asynchronous Distance Education Project，簡稱就是ADEPT。這個計畫的目的是要透過網際網路和高速ATM實驗網路，傳遞原來在電視網上所播放的課程。他們將前一天老師在課堂的錄影，視課程章節切割爲數個十五至三十分鐘的片段，由學生透過網際網路，直接在家裡或辦公室裡學習，簡化了原來用電視看時所需的接收與收視教室的配備，更提供學生在辦公室之外學習的彈性。」

雨雯所說的這個計畫，其實影響深遠。當時史大專職教育中心精選了十八門電視錄影課程，製作爲網路課程，由學生透過網際網路來選取、觀看。參與

學生可透過網際網路在家上課。

實驗的學生有四百五十人。到一九九六年，該計畫獲得全美「遠距教育最佳研究獎」，證明實驗成功。

因此，專職教育中心便在一九九七年成立線上史丹佛（Stanford Online）網站，使用微軟公司的Vxtreme軟體傳送教學畫面。這個軟體可整合視訊、音訊、文字與圖表，以每秒十個畫面的速度輸出，並有提供教師編寫教材大綱與講義的功能。當學生有問題時可用E-MAIL請教老師，或用BBS進行討論。

目前，只要你有興趣，就可以直接上網選取觀摩教材；但是如果想隨時選擇上課老師的教學錄影觀看，就必須是該課程的正式註冊學生。這個網站的使用者，除了遠距學生外，也有很多是需要打工的在校生，由於有時會漏失掉某堂課，這種方式正好協助他們補課，故頗獲佳評。史大並打算以後要用網站取代現有的電視廣播網路。

未來學生註冊、繳費、交作業或考試，都可透過網路在家裡完成。成了名符其實的「家裡蹲」大學，在家裡不必出門，即能修課，取得學位。

這種透過網路修習課程或學位的方式，目前在美國蔚爲風潮，許多有名的大學，如馬里蘭大學、杜克大學、印地安那大學都開辦用網路修碩士或博士的學程。然而網路上所開的課，其教材仍以文字、圖片居多，像史丹佛大學直接把視訊放在網際網路上的還是少之又少，主要原因是網際網路的頻寬仍然太窄，上網的人口又多，視訊傳輸費時太久，會引發學習者的不耐。

但是仍有變通的辦法，例如杜克大學的高階主管MBA（EMBA）課程，就把多媒體教學內容做成光碟片，讓學生學習，美國Scholars公司專門做資訊專業人員的線上訓練，他們針對有興趣考微軟專業技術證照的人，提供網路上的學習機會，他們用快遞寄送課程光碟，但學員和老師、助教間的溝通完全透過網際網路來進行。目前每天都有一千個以上的學生上網受訓，學員遍佈全世界。助教是全天候二十四小時候教。Scholars並保證在二十四小時之內一定會視訊隨選架構簡表：

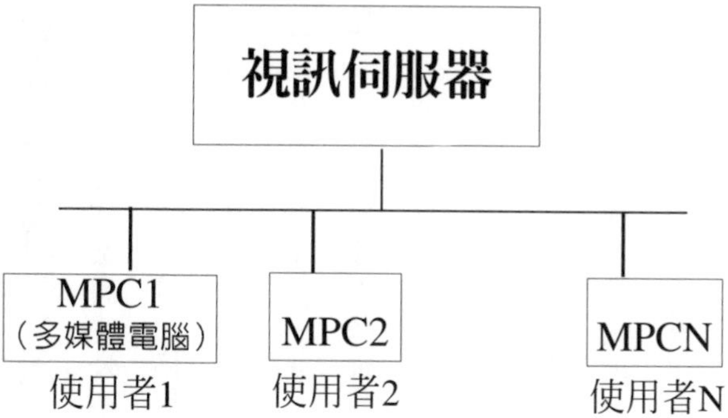

註：使用者設備必須具備視訊播放能力。

回覆學生的問題。

在目前網路頻寬還不夠的時候，施教機構用多媒體光碟暫代「視訊隨選」中所需的多媒體訊息傳輸需求，未來，等第二代網際網路出現，視訊隨選就能實現了。

上圖中，視訊伺服器能依據使用者的要求，即時將壓縮過的視訊資料送達給每一位使用者；而使用者端的設備則會將收到的視訊加以解壓縮並播放出來。

視訊雖然經過壓縮，但所傳輸的資料量仍然很大，如果用傳輸頻寬是100 MB的100 BASET的高速網路作爲傳送管道，一台視訊隨選設備大約可服務四十至五十人，若是未來更高速的骨幹網路如ATM或光纖能夠普及，則可同時服務更多的使用者，這是未來很重要的多媒體發展趨勢。

資源共享與資訊交流

在《超時空高速公路》的拍攝期間，與俊傑他們合作的影像拍攝公司，需要和許多單位申請、協調有關拍攝場地的事宜，免不了繁複的公文往來。這些公文該怎麼寫？幸好這家拍攝公司歷年來所有作品拍攝過程中的公文函件都有存檔在電腦裡，因此製作人只要把所需的公文性質、種類等條件資料輸入電腦，公司的內部網路就會以主動選取（ON DEMAND）的模式去搜尋。

網路最基本的定義，就是在電腦與電腦間建立起互相連繫的管道，把企業內所有的電腦聯結在一起，就形成了企業網路，單機電腦所提供的是一個封閉的環境，只有它的擁有者，才能使用其內所儲存的資料及所連接的週邊設備，但由於企業或政府機構，其工作同仁間，常有許多資料需要傳送，也需共用一些週邊設備，如雷射印表機，掃描器等等，所以興起了對網路的需求。

在網路環境下，我們可以有許多共享的資源，例如資料庫及週邊設備，若在資料庫裡面，儲存了許多與公司營運有關的業務、人事、及專案等資料，使用者就可經由自己的電腦，取得或更動這些共享資料，任何資料的異動，只需執行一次即可，以後大家都能擷取到最新的資訊。而且，資料庫裡儲存的資料越多，尋找所需資訊的速度就會越快。

除了公司內部網路，還有網際網路。像《超時空高速公路》的主要演員，便是在網際網路上找到的。影像拍攝公司將他們想要尋找的人才規格輸入網路求職人才庫裡，諸如年齡十七歲左右、有表演經驗等等，電腦網路就會自動到資料庫去幫忙尋找，找到最後，可能會出現十位人選。拍攝公司就跟這十位連線，問他們要不要來試鏡，這就是主動選取（ON DEMAND）。

像這裡所說的「求職求才」資料庫的建置，不是普通公司所能做到的，而是要由國家機構如青年輔導委員會或職訓局來建置，把它連到網際網路上，提供給社會大眾和公司行號使用，使得求職的人和求才的公司，能夠很快地在網路上媒合。

此外，在我們的生活裡，也需要許多類似的資料庫，如生活、氣象、新聞、關務，進出口統計等，這些都無法由個人或公司獨力完成，而是需要相關機構在網際網路提供，讓需求的民眾可以很方便的搜尋與擷取。

由於網際網路（Internet）的興起，使得世界各地的電腦聯結在一起，目前透過網際網路所連結的電腦，將近一億台，預估到公元二〇〇五年，將達五億台，無論多遠的地方，天涯海角，只要有網路相連就不怕斷了訊息，而且能夠用電子郵件或網路電話迅即連絡，眞正做到「天涯咫尺」，也構建了二十一世紀網路空間（Cyberspace）的基模。

所以，在電腦網路裡，最重要的兩個概念就是「資源共享」與「資訊交流」，電腦網路藉由數位化訊息提供了便利的通訊環境。美蒂發現，網路的世界裡竟也蘊藏了人生大道理！因爲獨木難撐大廈，一台電腦功能再強，若只是孤島，所能發揮的效用仍然有限，然而當每個人都可以是資訊的接受者與提供者時，電腦網路其實就已成爲「螞蟻雄兵」、「團結就是力量」等觀念的延伸。

多媒體電腦與網際網路

目前人們使用網際網路最多的服務，是電子郵件、全球資訊網（World Wide Web）和電子商務。

我們要收發電子郵件，一定要使用電子信箱號碼，目前電子信箱號碼已經成爲現代人在名片上一定要印的資訊，否則就不夠摩登了，而網站（Web Site）則成了公司或個人在網路空間中的家，他們提供了豐富精采的資訊，歡迎我們遨遊，我們透過全球資訊網，就可以到各家去串門子，看看每家的珍奇寶藏、獨門秘辛，或獲得我們所需的產品或業務資訊。由於網站實在太多了，實在無法一一尋訪，我們只能設定目標，透過「搜尋引擎」的協助，快速獲得我們需要的資訊。

例如我們想到瑞士旅遊，就可以在「搜尋引擎」裡用「旅遊」、「瑞士」兩個關鍵字去搜尋，就可以很快的找到提供相關旅遊服務的網站了，我們還可以透過它們安排旅遊路線、訂機票、旅館及租車。

全球資訊網不但提供資料庫、產品及服務資訊，我們還能透過它進行預約或交易活動，例如買鐵路車票、預約醫院掛號，在網路上訂披薩、買音樂C

D、電腦、書，或下訂單、作股票交易、買保險、訂各種晚會活動的戲票。這就是電子商務，美國商務部預估到公元二○○○年，電子商務會達到三千億美元的市場。

俊傑進入ID多媒體股份有限公司以後，才發現透過E-MAIL和公司同仁及朋友聯絡，眞的是既快速又方便；不像在郵遞信件時，書寫信封、貼郵票、投寄郵筒，在在都花時間。而使用電子郵件軟體，它能讓你選擇收件人，然後幫你自動填入對方的電子信箱，只要你按一個送出（SEND）鍵，它就會自動把信件寄送到對方，若是因地址有問題，被退信回來，我們也會被通知到。

而且網際網路上也能傳送多媒體，例如在網際網路上安裝「網路電話」，或收發「語音信件」，甚至在台灣用網際網路便能收看美國史丹佛大學的網路教學錄影。目前美國也有人研發出價廉的網際網路視訊會議系統，大家可以透過網際網路來開會，因此，大家也可以透過網際網路來上課，老師在家裡教課，學生在自己家裡學習，千里師生緣，就靠網路牽成了！

當然，若想在網際網路上接收或傳送多媒體訊息，最重要的是必須配備多媒體電腦和Real Audio、Real Video等相關軟體，用以連上網際網路、收受多媒體訊息！同時還需要有更高速、更寬頻的骨幹傳輸通道，才不至於曠日耗時地苦苦忍受資訊塞車之苦。

現在，距離康寶寶「發功」已十分鐘，美蒂還沒打電話給他。小康覺得無趣，想找點別的事情來做。

便用「搜尋引擎」幫媽媽找一些資料吧！

於是小康先把《艾俊傑檔案》的視窗最小化，然後於搜尋引擎的頁面中輸入「＋多媒體＋網際網路」兩個關鍵詞；找到討論相關議題的網站之後，他便把這方面的重要論述及熱門學者的資料都另存新檔到硬碟內，再以家庭內部網路寄給媽媽。

「搜尋引擎」這四個字也點醒了美蒂，何不上網查詢有沒有關於「艾俊傑」這個名字的任何資料！

她鍵入「艾俊傑」三個字之後，只找到一筆資料，標題是《艾俊傑檔案》，資料來源是Z網站。內容可想而知，大致就是介紹《艾俊傑檔案》這部書，但是美蒂仍然抱著姑且看之的心情把這份資料讀完，不料最後一段竟寫道：

電腦類書籍如何突破現有的固定讀者群，以打開更廣闊的銷售市場？《艾俊傑檔案》將首開由網站與出版商合作實驗性的行銷手法，塑造出一個能夠與讀者亦師亦友地交往的虛擬人物「艾俊傑」。藉由「艾俊傑」向網站隨機選取的上網讀者傳送電子郵件、交談，達到誘發讀者與書市廣泛討論此書的功效，進而刺激閱讀率。

看到這兒，美蒂傷心得哭了起來。原來，這一切都是她自作多情。原以爲，她是最特別的，所以才會引起艾俊傑的注意，沒想到……

她開始咒罵自己：我眞是白癡、全世界最傻的傻瓜、呆子、大笨蛋……

美蒂心情惡劣到極點，想要找人發洩，尤其想要找一個男生來揍一頓出氣。因此，在小康「發功」二十分鐘後，他接到了美蒂的電話。

第五章

多媒體時代新環境生活觀

多媒體與網際網路的結合，帶給我們生活上許多便利，也替電子商務帶來蓬勃的生機。例如美國就有許多人透過網路完成買書、買CD、訂花、股票下單、買機票、安排旅程、租車、訂旅館，甚至買電腦、訂購新車等高價的交易。

世界上最著名的電子書店，亞瑪遜線上書店的訂書單來自百餘國，目前擁有的顧客已經超過一百萬人。該公司還特地派代表到日本，將書親自送交給第一百萬名顧客……

二十一世紀是多媒體與網路結合的新世紀，它為我們生活、工作、學習及育樂交誼型態帶來莫大的衝擊，也將對商務交易、企業運作、都市生活型態產生革命性的影響。多媒體普及之後，人類的思考模式、社會文化、居住型態及環境生態也都會隨之改變。

就像女星珊卓・布拉克（Sandra Bullock）主演的電影《網路上身》（The Net），一個擅長檢修遊戲軟體的電腦系統分析師安琪拉・班奈特，在測試一個電腦程式時，無意中接取到一份她不該取得的資料，因而把她的生活搞得天翻地覆，駕照、信用卡、銀行帳戶、身分證明，全都被不法份子轉移給另一個女人。而她本人，則被不法之徒利用電腦科技，把她變成了通緝犯。這部電影中所描述的安琪拉，舉凡工作、交友、購物等等日常生活大小事宜，都在網路上解決。因為平常很少出門，所以連鄰居、朋友都無人見過她的面，以致後來她的身分被別人取代，卻沒有人可以為她作證，指認她就是她！當然，這樣的情節是有點誇張，但也不啻為對未來生活的一種警訊，提醒我們在使用電腦過生活的同時，不要忘記敦親睦鄰。

康寶寶的媽媽所籌辦的這場《多媒體時代新環境生活觀》研討會，將分別就這個新環境對工作、學習、生活、娛樂及通訊的影響，加以說明。

美蒂在康寶寶的慫恿下，報名參加了這場研討會。而美蒂的爸爸，則是因爲想了解一下時下的年輕人都在搞什麼飛機，所以也蹲在果園裡用手提電腦上線一窺究竟。

在小康的媽媽簡單地介紹過與會來賓之後，便揭開了研討會的序幕。學者專家們的討論，就從多媒體與網際網路結合後，對工作環境所帶來的影響及變動開始。

到處都可以上班

目前我們的工作環境是集中式辦公室，大家從不同的地方開車到公司來上班。但在多媒體工作環境之下，集中辦公室會演變成分散式辦公室。因爲，如果多媒體可經由通訊網路傳輸，使我們在家裡就可以看到另外一個人，今天我

只要上半身儀容整齊，透過電腦網路，泡在浴缸裡，也可以跟老闆開會。

們就不用去上班了。因爲我們上班是爲了辦事的，與同事們並不需要眞正的身體接觸。

因此，我們只要能看到那個人，能夠很方便地與他連繫、溝通，就可以處理各項事務了。如果多媒體的傳輸功能，能夠達到影像隨時都可以顯示在對方的牆上的話，那我們其實沒有必要一起集中來公司上班。我們可以在台北市大安區設一間辦公室、宜蘭設一間辦公室、花蓮設一間辦公室，大家都到分散辦公室去上班。

如此一來，分散式辦公室將影響到台灣的房地產交易。因爲在集中辦公室工作環境，大家都集中到一個地方，相對於集中工廠很多，就產生很多工商社區，也帶動很多做小生意的，包括夜市，而形成市集。然而如果是分散辦公室，市集就很難形成。那麼，這些都會區的昂貴土地、房地產就會跌價了。可見當多媒體環境改變時，將影響辦公室及城市的發展型態。

再進一步來看，如果這些多媒體電腦等相關設備，廉價到你家裡都可以安裝的話，連分散式辦公室都不用有，我們就可以在家辦公了。若我們在家裡就可以看到任何人、任何資料，那我們就無需再蓋辦公大樓，所以多媒體工作環境對整個社會衝擊很大。

假設你現在在家辦公，若你想離開家裡，那你能不能辦公呢？答案是可以。下一步，我們會「到處辦公」。我們的設備會小型化，我們到處都可以傳送多媒體。今天在家裡很累了，我們也可以到海邊的旅館裡辦公。演變下去，公司的組成會變得很奇怪。

過去要組辦公室，就得買一塊地，蓋一座大樓，請很多人集中到同一個地方來辦公，這就是所謂的公司，慢慢的變成分散辦公或是在家辦公。既然是在家辦公，如果今天公司不僱用他了，他可以再連絡其他公司，問他們要不要錄用他，如果外地的公司錄用他了，他也不必搬到外地去，因爲工作環境根本沒有改變，就是在家裡。

這樣就會慢慢的演變成以後的虛擬公司，它是因應需求而臨時組合起來的（ASSEMBLY COMPANY）。今天我要開發一種產品，我需要那些工程師，那些推銷員，那些製造員，我通過網路臨時去找，找到了，就組合起來，若這個產品失敗了，大家拍拍屁股就散了。如果成功了，我下個產品，是要做化妝品，不需要這些人，我又臨時組裝另一家公司。這就是多媒體工作環境對整個社會的衝擊，產生很多聚聚散散、像變形蟲似的公司組合。所以互動多媒體如果能成功地跟電腦、網路結合，將帶動整個社會上工作環境的改變。

除了能在家辦公外，未來每個人的工作生涯也不再是階梯式的發展，沿著科員、經理、副總及至於總經理的階梯往上攀升，由於虛擬公司很難再爲員工規劃工作生涯，每個人都必須爲自己的生涯做規劃與安排。以往的經理常管理許多人，未來很多人將是一人經理（One Man Manager），他依靠精密的規劃與外在人力、資源的配合，雖然在公司編制內只是一人，卻照樣能達成十幾個人的團隊所需完成的任務。

未來每個人在工作生涯中可能會經歷六至七次的工作技能轉換，也就是說每五到七年，他原先的工作型態會萎縮或消失而需要學習新的技能，來承接新興的工作內涵，而非一直沿用在學校中所學的那一套，在二十一世紀，「終身雇用」已成爲企業神話，「終生學習」卻是每個企業人需要力行的圭臬。

聽到這番話，美蒂緊張地打開網路的talk（對話）功能呼叫小康：

「那我們是不是除了本科系之外，還要再修上三、五個輔系才行啊？」

康寶寶調侃美蒂的同時，不忘丟出一個追求的暗示：

「妳如果當我的跟班就不用，有事我來服其勞就好啦！」

美蒂在電腦螢幕上畫了一個準備要發飆的鬼臉：

：—O

小康回以一個表示「開開玩笑而已嘛」的符號：

：＊）

而美蒂的問題，其實在下一階段的研討會中，便有答案。

階段性學習變為終身學習

現在的學校制度與公司制度幾乎一樣。要辦學校，就要建學校、請老師、招學生，大家都集中到同一個地方學習，像由工廠依據既定規格、大量生產同樣的產品一樣，我們的教育也是依據教育部的課程標準，而大批生產學生，只是這些課程標準比較適合前面三分之一的好學生，而造成許多B段班學生在學習上不適應、課程跟不上的困擾，也製造了許多社會及交通問題。

往後，學習環境將發展成到處學習。在多媒體環境下，我們不需要再到學校讀書。同樣的，今天我們到學校是爲了學習，不是與老師有身體接觸。老師用文字、影像、聲音等多種媒體來傳授知識。但是，如果在家裡或任何地方都可以接收到各式各樣的多媒體，我們就不需要到學校去求知識了。那麼，我們也不用多建學校了，這就是所謂的到處學習（Learn Anywhere）。

另一個在教育上重大的改變，是從階段學習轉換到交替學習（終身學習）。過去學校的制度是十二年、十六年的集中學習，學完後就進入社會，進入社會後，就不太可能再回學校學習了。所以，以前我們的人生規劃是將學習與工作

在未來，可能十二歲的小朋友即可開始上班賺錢了。

劃分爲截然不同的兩個階段—前面十六年讀書，後面做事賺錢。

事實上，這是很不合理的事情。因爲在前面十六年裡所學習的東西，到底有沒有用呢？不知道！到底學得夠不夠用呢？你也不知道！等到你開始工作時，才發現以前學的有些有用、有些沒用，該會的則有些有學到、有些沒學到，但已經來不及做任何加強或補救了，因爲學習的階段已經結束了。

未來在多媒體環境之下，我們可以在家裡學習或到處學習，所以就不需要花這麼多時間在學校。我們可能十二歲就開始工作賺錢了，十三歲時，發現還需要學習，那晚上就開始學習某些東西，因爲反正是在同一個地方工作，同一個地方學習。這就產生終身學習、交替學習，這種學習環境比較符合學以致用的道理，也達成了即時學習（Just In-Time Learning）的效果。

今後學習會比較有趣，也比較能適合不同學習風格的人，不再像從前只針對智商高的人。藉著使用動手做、摩擬、動畫等方式教學，可吸引原先不愛唸書的孩子。因爲多媒體學習是互動的、可用很多種媒體學習。譬如說，你今天想知道天空爲什麼是藍的，馬上有些影片可以播放出來，告訴你爲什麼會有這些變化，這樣就比較有趣。

這些多媒體教學軟體，除了互動、有趣之外，而且你還可以向它提問題或改變某些變數的設定，看看所產生的結果。往後，這種互動學習將會變成學習的主流。學習是因爲你喜歡這些教學軟體的設計，所以主動參與；而不是因爲你到學校有老師逼迫你。

往後，我們的工作與學習將密不可分，我們經常需要一邊工作、一邊學習；白天工作、晚上學習，或者白天學習、晚上工作。這種交替現象會出現，到最後達到知識隨選（KNOWLEDGE ON DEMAND），也就是當我們在工作上發現某項問題需要解決或突破，而本身缺乏相關知識時，就可以馬上尋求相關的課程或教學軟體進行學習，要不然就是透過網路找尋相關的專家，直接向對方請教。

譬如，今天我要問的問題，需向有專門知識的人找答案，沒有相當知識的人，可能還無法回答，所以我可能需要跋涉千山萬水到美國去留學，才能取得這知識。但是當全球網路都接通後，假如我現在想知道海水爲什麼是藍的，或想解決某個問題，於是我就把這個問題送到網路上去，然後馬上便會有人回答這個問題，甚至會播出影片跟我解釋，這就是「知識隨選」。

不過，假如這是很專業、很技術性的問題，我們就需要付費請專家協助解決了，到那裡去找專家，運用網際網路搜尋，是一個十分方便與有效的方式。我們只要列出希望找的專家的條件，透過搜尋相關資料庫、或專家網站，我們就能很快找到這些專家資訊，甚至包括他以往解決過的案例和諮詢費用的計價標準。透過這些專家資訊，我們就能很快的找到合適的人選，並迅即用網路與之連絡、洽談了。

中場休息時，康寶寶又用ICQ呼叫美蒂，問她有沒有看過唐・戴布史考特（Don Tapscott）寫的「數位下的成長」（Growing Up Digital）這本書？並引述了書中提到的一個眞實故事：

Sam是個十三歲的男孩，有一天晚上他留在學校裡練習足球時，他的父親在家裡接到一通電話，詢問Sam在何處，他父親回答「他在學校練習足球」，電話另一端發出尖叫聲：「什麼？練習足球？他現在應該是上班時間的！」。

當Sam的父親弄清楚打電話來的人是美國線上公司（American On Line）的主管時，他才發現原來Sam假冒爲二十五歲的大人向該公司應徵工作，結果得到以每小時二十五美元的工資，在家裡透過網路擔任美國線上的一間聊天室的管理員的職務。

美蒂回答：很像你的作風！

的確，Y世代是一群在電視與資訊科技環抱下成長的新一代，他們會把創新、開放、自由表達的文化帶入多媒體的生活環境中，Sam的例子代表了一個新時代的開端。

不久之後，我們的日常娛樂與生活，都將離不開多媒體電腦。

線上遊戲結合虛擬實境將成娛樂主流

多媒體與網際網路的結合，帶給我們生活上許多便利，也替電子商務帶來蓬勃的生機。例如美國就有許多人透過網路完成買書、買CD、訂花、股票下單、買機票、安排旅程、租車、訂旅館，甚至買電腦、訂購新車等高價的交易。

世界上最著名的電子書店，亞瑪遜線上書店的訂書單來自百餘國，目前擁有的顧客已經超過一百萬人。該公司還特地派代表到日本，將書親自送交給第一百萬名顧客。

美國一九九七年買新車的一千五百萬人中，有二百四十萬人（16%）是透過網路訂購的，預測四年後會達到25%。目前美國透過網路進行的股票交易額已經達成整體股票交易的17%，是一九九六年的兩倍，由於競爭激烈，已經使得網路股票交易手續費急速下跌至只有原先的50%。

根據Jupiter Communications公司的研究發現，目前線上機票的銷售量雖只佔總量的1%，不過到二〇〇二年時，這個數字可望提高到10%。這種趨勢使得美國聯合航空公司將旅行社的佣金下降到8%，也使得很多同業跟進，而線上處理機票訂購的成本只有傳統旅行社的三至五成。

美國商務部今年四月十五日提出的一份報告指出，在網路上我們可以查詢到許多與食、衣、住、行、育、樂有關的生活資訊，想找館子、旅遊地點、行程安排、醫療保健，以及消費資訊，都能很輕易的在網路上取得，要買火車票、到各大醫院的預約掛號，都可透過網路來達成。網路上的交通頻繁，大約每一百天就成長一倍，預估到二〇〇二年，線上交易的總額將達三千億美元。

美國的7-11便利商店，已經開始在店內裝上與網際網路相連的電腦，提供給顧客使用，美國銀行也開發了許多網路銀行的新應用，如電子支票、電子帳單、個人銀行等，這種種新的措施都將帶給人類生活面貌的大轉變。

此時，美蒂又有疑惑，便經由電腦裡的對話框問小康：

以後是否會像公共電話一樣滿街都是公共電腦？然後筆記型電腦就日漸式微了？

小康不以爲然：

雖然滿街都有公共電話，但是行動電話還是很暢銷呀！以後筆記型電腦一定會越來越輕薄短小，小到可以像行動電話一樣放在口袋裡！

一邊參加研討會，還可以一邊像傳紙條一樣有來有往的聊天，既不會讓正在演講的人覺得不受尊重，也不會打攪到鄰座的人而挨白眼，小康覺得，網路眞是一項體貼的發明。

研討會的來賓仍繼續闡述著他們的論點：

一九九七年全球家庭用與娛樂用軟、硬體市場的產值有七百一十億美元，其中美國的市場佔有率爲30%，目前家庭用娛樂市場包含電視遊樂器軟、硬體，個人電腦上的遊戲，娛樂軟、硬體，線上遊戲服務（On-Line Game Service）等，預估未來線上遊戲服務是個成長極快的領域，在未來五年內可帶動相關的軟、硬體與服務的產值將達一百八十億美元。

線上遊戲就是許多人在家裡透過網路，共同參與的遊戲，它若能與虛擬實境結合，將會更增加遊戲的臨場感與刺激、驚險的效果。在美國有一種虛擬實境遊戲叫做「戰鬥科技」，可以好多人一起參加，他們在一個有許多機器人的虛擬世界中進行決鬥，每一個參加的人可以選擇一個機器人，作爲作戰工具，彼此發炮攻擊，直至所有機器人被消滅殆盡，遊戲結束後，所有參加的人可以一齊到虛擬的咖啡館，聊天並享用飲料。

虛擬實境是集遊戲、遊樂場之騎乘遊樂設施與電影三種娛樂型態之大成，而形成下一世紀新興的娛樂之星。

從前，小孩多半會要求父母帶他們到大型遊樂場去乘坐雲霄飛車，要建造這些遊樂場，要花費非常多的金錢。然而，今天的孩子通通都要打電動玩具，因爲他們的娛樂方式已經改變了，許多電動玩具都比雲霄飛車刺激、吸引小孩。所以，這些遊樂場也必須慢慢轉型，提供更新奇、刺激、好玩的節目。這就是多媒體衝擊我們的娛樂環境。

今天集中型的娛樂場所，如電影院、遊樂場，以後都會變成交際場所。今天，如果你在家即可看到聲光效果俱佳的電影，你不會到電影院去，除非你是要去那邊交女朋友或談戀愛，所以這些集中型的娛樂場所就會變成交際場所。因爲大家對於娛樂的需要都可以在家中得到，那麼爲何還要到外面去呢？除非你是要交朋友或幾個朋友要一起去聯誼。

以後，互動會變成娛樂的主流。傻傻的坐著看電影、聽音樂的時代會過去。今天我們看到許多人去唱卡拉OK、唱KTV，爲什麼呢？因爲可以參與。以前我們到歌廳聽歌，歌廳的節目是事先安排好的，我們是被動的，現在我們去唱歌是互動的。讓大家在互動中發洩精力與情緒，而彼此也在互動中建立更深厚的情誼。所以可見互動將成爲二十一世紀娛樂的主流。

在日本，最近出現了一位女歌星，是日本有始以來最漂亮、聲音最完美的女歌星，而且身材零缺點，永遠不會老——因爲她是電腦做出來的，她是個電腦影像。然而，當她出現在螢幕上，觀眾完全看不出來。日本演藝界已成功地塑造了一個虛擬明星（VIRTUAL STAR），除非在現場，否則完全看不出來她是假

身材零缺點的虛擬明星。

的。經過電視轉播之後，無論她唱歌、跳舞、接受訪問，都與眞人完全一樣，這也是一種新的娛樂方式。所以未來在多媒體娛樂環境下，新的娛樂方式會層出不窮，也帶動多媒體產業的無垠夢想與機會。

聰明機靈的康寶寶，一面聽著研討會，一面選取了附屬應用程式中的「遊樂場」，玩起「踩地雷」的遊戲，這是多媒體電腦中最方便、儉省的一個娛樂項目，電腦買回家後，即附屬在軟體裡面了。

千里眼與順風耳再世

人類有五大活動，就是辦公、學習、生活、娛樂及通訊。多媒體環境對這五大活動

在多媒體的時代裡，電腦就是我們的千里眼和順風眼。

都有一定的影響。如目前的影像電話、影像會議就節省了我們飛來飛去的時間。

通訊如果發達，我們就可以隨時看到自己想看的人；因此不再會有「我好久沒回台灣了，三個月沒看到我媽媽」的事了。在優質、高速的多媒體通訊環境之下，即使我和親人相隔兩地，但只要打開視訊接收設備，就能看得到他們！還可以一塊兒吃飯，我在這邊吃，家人在那邊吃，這叫天涯若比鄰，也是「視訊會議」的有情應用了。

跟著，甚至有人會跑到網路上去漫遊。你可能會闖到別人家裡去，因爲每一家都連通網際網路，你會出現在陌生人的家裡，也會窺見陌生人家的客廳陳設與佈置，這究竟

打開視訊接收設備，即使與親人相隔兩地，也可以一塊兒吃飯。

是好、還是不好呢？假如你擔心隱私權被侵犯的話，只要調整或拔掉攝影機的鏡頭，別人就看不到了。

其實這跟封神榜中所說的「千里眼」、「順風耳」不是很像嗎？科技進步使得我們擁有了古人欽羨的神通，問題是，我們要如何善用這些神通來增進人類福祉？例如最近台灣有很多獨居老人或長期慢性病患，都需要居家照護，這時若醫護或社工人員能善用這些科技，就能造福更多的人。

目前視訊傳送最大的瓶頸，在網路頻寬不足，所以上述夢想還未能實現，但光是文字、圖表的傳送，就已大大改變了我們的工作與生活。

以往大學生談戀愛都是辦舞會或交遊，等雙方談得投機了才進一步的約會交往，如今的新新人類很多是在網路上先認識，相互寫電子郵件，覺得大家談得來，才進一步碰面，這種方式可讓雙方先由認識彼此的內在美開始，這對相貌平凡的普羅大眾而言，未嘗不是更文明的福音。

電子郵箱和個人網址，就好像是我們在網路世界上的電子家園和電子信箱，網際網路的進展已經使得我們除了實體家園之外，還必須儘速建立自己的電子新家，透過電子新家園，我們可以展現自己的著作、興趣、內涵與專長，做個好的資訊提供者，結合同好、相互切磋，這是電子社區公民的義務、也是權利。

因此從國家而言，應及早建立高速的骨幹網路，以利多媒體資訊的傳輸，比如新加坡就建立全國的光纖高速網路，使得全國九成五的公民都可連上，而從個人而言，則是要及早融入網路世界，熟悉並善用各種多媒體通訊工具，節省時間，以發揮個人最大的工作績效。

美蒂想到以前也曾看過一些報導，提到美國、日本等國家都在積極建設「資訊高速公路」，巴望在公元二〇一五年之前將所有公家機關、研究教育機構、私人企業等單位連成資訊網線。

其目的不外如007電影《明日帝國》(Tomorrow Never Dies)中所呈現的——媒體就是力量!媒體大亨卡佛擁有全球發行的日報及遍佈全球的衛星轉播系統,爲了創造更高的收視率,竟挑撥起國際之間的衝突,製造不實資訊,差點兒引發世界大戰。卡佛還得意洋洋地認爲,他個人所掌握的媒體威力,便遠勝於一國之軍備。還好皮爾斯・布洛南飾演的詹姆斯・龐德與楊紫瓊飾演的中國情報員神通廣大,不然卡佛還眞的就此藉著媒體興風作浪、掌控全世界的動向了。

可見掌握資訊力量與爭取資訊產業發展的先機有多麼重要,無怪乎各先進國家莫不期望在二十一世紀初能拔得頭籌,塑造以他們的文化爲主流的意識形態,爭取世界盟主的領導地位。

人性化行動電腦

微軟公司的總裁暨執行長比爾・蓋茲預言,未來將是「A Computer In Every Pocket」的時代,他認爲五年後的個人電腦,將形同目前的行動電話,薄到宛

未來產品——腕上型電腦。

如雙插卡電腦辭典一般，可裝入每個人的上衣口袋中；並且具有無線功能，可以隨時聯上網際網路，以擷取相關資訊。

康寶寶爲自己料中一項趨勢而洋洋得意，馬上用對話框傳給美蒂一個代表微笑的圖形「:-)」，並附註這是「天才的微笑」。

美蒂無奈，在電腦上鍵入：

知道了，趨勢專家！

:-,（意爲「皮笑肉不笑」）

然後繼續聽研討會裡眞正的專家講話：

此外，蓋茲還預言，十年後電腦將能與人交談，能聽懂人的話語，甚至也能在聲音中表達感情，未來電腦將具備能看、能聽、能學習的特性。方便、可攜帶又能無線連網

脫下繁重的西裝，以後我們可以一邊運動、一邊工作。

的個人電腦，帶領我們進入多媒體時代，人類的八大活動——衣、食、住、行、育、樂、健、美，都會發生質變。

(1)如果今天是在家裡上班而不是到公司上班，穿衣的方法會不一樣。以後我們上班也許不是坐著，也許是一邊運動、一邊工作，所以大多數的時候，我們只要穿著輕便的休閒服或運動服裝即可。

(2)因爲家裡的多媒體可製造出餐廳的環境，大家都在家裡吃，所以吃的方式會改變。

(3)住的方式亦不一樣，我們不必因爲今天在屏東找到工作就非搬到那裡不可。

(4)行的方面，在網路上即可漫遊整個世界，有些不好玩的地方，我們就不會直到坐飛機

工作、娛樂、年齡……許多界限都將在多媒體時代被打破。

去了之後才大呼上當。

(5)教育的領域裡，則是「到處學習、隨時學習、終身學習」成爲主流。

(6)娛樂也變爲多媒體娛樂方式。

(7)健康一許多坐辦公室的人都缺少運動，時常會產生啤酒肚或坐姿不良所導致的脊椎病變。以後我們在家裡上班，便可以一邊拉著運動環或踩著跑步機，一邊連絡公事或回答客人的電話。

(8)對美的要求或美感亦會發生質的改變。

多媒體時代會產生一個虛擬社會（VIRTUAL COMMUNITY），過去我們只能跟坐在我們隔壁的人打麻將，以後我們打麻將的牌搭子可能

三缺一？
上網路找牌搭子吧！

會是一個美國人、一個西班牙人和一個墨西哥人！未來我們可能跟一些不認識的人組成一種虛擬社會。虛擬社會是非面對面、假的、靠多媒體訊息傳遞而互動與分工合作的社會。

最後，我們會走向四海一家、天涯若比鄰的全球一體新世界。

第六章

多媒體世界不孤單

任何技術都有其正面與負面的價值，如何運用，存乎一心，端看使用者的認知與價值觀如何評量。所以其實科技無罪，人生有沒有意義還是要靠個人的人生觀與生涯規劃來評斷。虛擬實境所可能造成的人際疏離或封閉型人格都可以預先研擬出防範辦法來宣導；多媒體在把全世界變成一個地球村的同時，我們也可以開發一些本土性的東西，開創出一條屬於我們自己的多媒體道路…

在《多媒體時代新環境生活觀》研討會的發問時間，美蒂因爲有報名，所以享有發問權，她提出了她的困惑：「多媒體環境造就虛擬實境的實踐，然而當所有的夢想都可以用虛擬的方式達成，虛擬的遊戲、虛擬的公司、虛擬的家庭、虛擬的人物，網路上甚至也有虛擬的愛情，這樣的環境，讓每個人都彷彿成了虛幻故事中的人物，那人生還有什麼意義？」

為自己掌舵

一位學者首先回答美蒂的問題，他侃侃解釋著：

「妳說的很有道理，虛擬世界的經驗究竟不如親身經歷，就如同我們即使看過千百張劉德華或李奧納多·狄卡皮歐款擺不同姿勢的照片，仍舊不如親自觸摸到他們的手、被他們拍拍肩膀那種發現巨星也有平易親切一面的驚喜，還有與他們交談、互動及眼神交會時，那種觸電的感受，才是最眞實、最有價值的經驗。只可惜我們受限於時間、精力及經濟能力，無法每樣事物都親身嘗試，所以必須藉由多媒體技術的協助，我們才能對這世界、對人類，有更深入探索的機會。但是，我們當然也不能讓自己完全沈浸在虛擬世界中，請切記，親身經歷永遠是最佳抉擇。」

參與研討會的廠商代表也有話要說：

「任何技術都有其正面與負面的價值，如何運用，存乎一心，端看使用者的認知與價值觀如何評量。所以其實科技無罪，人生有沒有意義還是要靠個人的人生觀與生涯規劃來評斷。虛擬實境所可能造成的人際疏離或封閉型人格都可以預先研擬出防範辦法來宣導；多媒體在把全世界變成一個地球村的同時，我們也可以開發一些本土性的東西，開創出一條屬於我們自己的多媒體道路……」

美蒂的爸爸在他的手提電腦上，看到正坐在家中臥房裡的女兒的影像。現在的螢幕上，主畫面是正在講話的學者，右上角則嵌入了發問者的畫面。美蒂專注聆聽答覆的神情，寫滿了求知的渴望與探索生命的好奇。爸爸覺得放心了，這樣的女兒，是不會輕易向人生路上的小挫敗認輸的！她會漸漸獨立，有辨別是非的能力，不必擔心她會誤入歧途什麼的。

於是，爸爸關閉電腦，便安心地開始爲果樹噴灑農藥了。

研討會結束，美蒂注意到書簽上還留著《艾俊傑檔案》的記錄，好像還剩最後一章沒看完。

她相信她已經能坦然面對自己曾經自作多情的打擊，便決定做個了結——把它看完！

放眼國際

小艾啓動電腦中的雙語翻譯軟體，同時也連線上網際網路，準備和洛杉磯分公司目前唯一的同事進行線上談話。基於國際合作的世界觀，ＩＤ多媒體公司最近在國外也設置了幾個據點，不僅是追求更大的競爭市場，同時也讓公司本部的成員可以經由國際間的交流而拓展視野及刺激技術層面的成長。

位於洛杉磯的這位美國同事派屈克，以前是電影《ＩＤ４星際終結者》及《酷斯拉》的特效小組成員，被小艾的老闆挖角來主持他們洛杉磯的分公司，小艾與他連線之後，便開始與他寒喧打屁，希望建立友誼之後，也順便跟他多學一點東西！

派屈克說他目前正在招募人手，同時擬定訓練計畫，有點像是一隻正在準備生小雞的母雞！講到興高采烈處，熱情又愛耍寶的他便打開網路視訊電話，對著小艾表演起脫口秀來。雨雯晃悠到小艾的電腦螢幕前面時，派屈克正好在比手畫腳說他如果沒把這個分公司做起來，很可能就會被老闆賣去某速食店做炸雞，並唱起那家速食店的炸雞廣告歌來。雨雯看了搖搖頭，嘆一口氣，就回到她的座位上。

雨雯最近在企劃一個關於兒童故事的多媒體案子，她利用網路連結上國外的大學圖書館，因爲有些國外大學會架設圖書館網站，任人瀏覽雜誌，或下載書籍、論文等資料，資訊豐富，也省掉她實際跑圖書館、搬書的勞累，更不必擔心借書逾期受罰。雨雯找到某學校圖書館的童書部，其中放置了可用Real Audio及Real Video軟體收聽、收看的兒童故事、動畫卡通或幼兒教學影帶，生動有趣，給了她不少靈感。

天涯若比鄰的多媒體世界。

直到電腦右下角顯示時間PM11:24，小艾決定關機，他探頭看看隔壁座位的雨雯，她還在網路上漫遊，好像眞的是打算以公司爲家了。

「喂，我想去陽明山上看夜景，妳有沒有興趣？」

「好啊！」雨雯把視線從電腦上移開，臉轉向他，燦爛的笑容好像陽光。

而此時，美蒂也接到了康寶寶的電話。

「喂，要不要來我家玩，給妳看一張我新買的光碟！」

1 1 7　台北市羅斯福路六段142巷20弄2-3號

廣　告　回　信
台灣北區郵政管理局登記證
北台字第10227號

大塊文化出版股份有限公司　收

地址：______市／縣______鄉／鎮／市／區________路／街______段_____巷

______弄______號______樓

姓名：

編號：TM 04　　書名：你能懂——多媒體

請沿虛線撕下後對折裝訂寄回，謝謝！

讀者回函卡

謝謝您購買這本書，爲了加強對您的服務，請您詳細填寫本卡各欄，寄回大塊出版 (免附回郵) 即可不定期收到本公司最新的出版資訊，並享受我們提供的各種優待。

姓名：________________ **身分證字號**：________________

住址：________________________________

聯絡電話：(O)________________ (H)________________

出生日期：________年______月______日

學歷：1.□高中及高中以下 2.□專科與大學 3.□研究所以上

職業：1.□學生 2.□資訊業 3.□工 4.□商 5.□服務業 6.□軍警公教
7.□自由業及專業 8.□其他________

從何處得知本書：1.□逛書店 2.□報紙廣告 3.□雜誌廣告 4.□新聞報導
5.□親友介紹 6.□公車廣告 7.□廣播節目8.□書訊 9.□廣告信函
10.□其他____________

您購買過我們那些系列的書：
1.□Touch系列 2.□Mark系列 3.□Smile系列 4.□catch系列

閱讀嗜好：
1.□財經 2.□企管 3.□心理 4.□勵志 5.□社會人文 6.□

國家圖書館出版品預行編目資料

你能懂：多媒體 ／ 鄒景平，侯延卿著
；--初版.-- 臺北市：大塊文化，
1998［民 87］
面；　公分. -- (tomorrow；4)
ISBN 957-8468-64-4 (平裝)

1.多媒體

312.98　　　　87015619

大塊文化出版公司書目

touch 系列

01	10倍速時代	Andrew S. Grove 著 王平原譯	250元
02	未來英雄	John Brockman 著 汪仲等譯	330元
03	WWW.新家庭	Seymour Papert 著 賴慈芸 等譯	250元
04	量子管理	Stan Davies 著 何穎怡 譯	250元
05	顛覆廣告	Jean-Marie Dru 著 陳文玲 等譯	280元
06	版本2.0	Esther Dyson 著 李令儀 等譯	330元
07	NEXT	Michio Kaku 著	380元
08	80/20法則	Richard Koch 著	280元

mark 系列

01	福爾摩啥	Psalmanaazaar 著 薛絢 譯	280元
02	西藏七年與少年達賴	Heinrich Harrer 著 刁筱華 譯	250元
03	聖經密碼	Michael Drosnin 著 杜默 譯	250元
04	絕對的藝術家	謝恩 著	390元
05	潛水鐘與蝴蝶	Jean Dominique Bauby 著 邱瑞鑾 譯	150元

06	革命前夕的摩托車之旅	Che Guevara 著 梁永安 等譯	250元
07	風聞有你，親眼見你	冉亮 著	250元
08	最後十四堂星期二的課	Mitch Albom 著	220元

smile 系列

01	豺狼的微笑	Aquarius X 著 蔡志忠 繪圖	特別價 69元
02	Peggy來占星 1 愛情魔法書	Peggy著	150元
03	成功致富又快樂	溫世仁 著 蔡志忠 繪圖	特別價 69元
04	台灣黑色燴	于震 編寫	特別價 99元
05	Peggy來占星 2 工作GoGo	Peggy著	150元
06	清清醒醒過一生	Geoffry Bellman 著 丁佩芝 譯	180元
07	前途	溫世仁 著 蔡志忠繪圖	120元
08	女人要帶刺	Roberta Gregory 著 何穎怡 譯	特價120元
09	台灣經濟的苦難與成長	溫世仁 著 蔡志忠 繪圖	120元
10	穿著睡衣賺錢的女人	Migi 著	180元
11	黑鳥麗子白書	黑鳥麗子 著	150元
12	現在流行吃素	黃怡等12人合著	120元
13	心靈深呼吸	王映月 著	150元
14	給女人靈魂的巧克力	Kay Allenbaugh 著 洪國鈞 等譯	200元

16	非常壞	Aquarius X 著	
		蔡志忠 繪圖	120元
17	跨世紀投資策略	謝金河 著	280元
18	台灣經濟的苦難與成長	溫世仁	
	(英文版)	蔡志忠 繪圖	180元
19	一生受用的金雞蛋	George S Calson 著	
		楊淑智 譯	280元
20	給我報報 1997 年鑑	三目武夫等著	199元
21	天天都成功	洪啓嵩 著	
		蔡志忠 繪圖	120元
22	第二個命運	Dean Hamer &	
		Peter Copeland 著	250元

catch 系列

01	第五元素 (VCD+彩色精裝書)		
		Akibo 視覺設計	450元
02	叛逆的天空 (散文)	梁望峰 著	120元
03	寂寞裡逃 (散文)	梁望峰 著	120元
04	小茜茜心靈手札 (漫畫)	韓以茜 著	150元
05	The Making of小倩	徐克 著	特價 700元
06	千女遊魂 (小說)	朱衣 著	150元
08	天若無情 (小說)	梁望峰 著	120元
09	墮落天使 (小說)	梁望峰 著	120元
10	在地球表面漫步 (散文)	張妙如 著	150元
11	全職殺手之一	彭浩翔 著	180元
12	全職殺手之二	彭浩翔 著	180元
13	小明 (漫畫)	歐陽應霽 著	150元
14	光合作用	張妙如 著	250元
15	背著電腦，去歐洲流浪	劉燈 著	280元
16	小小情詩	韓以茜圖／文	150元

17	在台北生存的一百個理由	馬世芳等合著	450元
18	進攻女生宿舍	彭浩翔 著	150元
19	交換日記	張妙如 徐玫怡著	150元

PC Pink 系列

01	網路是一條口紅	Peggy 著	280元

大塊文化出版公司 Locus Publishing Company
台北市117羅斯福路六段142巷20弄2-3號
電話：(02) 29357190　傳真：(02) 29356037
e-mail: locus@ms12.hinet.net
1. 歡迎就近至各大連鎖書店或其他書店購買，也歡迎郵購。
2. 郵購單本9折 (特價書除外)。
帳號：18955675戶名：大塊文化出版股份有限公司
3. 團體訂購另有折扣優待，歡迎來電洽詢。

Tomorrow

明日工作室 策劃

你能懂

2小時掌握一個知性主題

東亞金融風暴

You Got It!

溫世仁／著
蔡志忠／畫

在1997年的東亞金融風暴襲捲下，台灣有個大學畢業生，正準備出國留學，他白天在大學當助教，晚上兼家教，自己設定一個目標要在兩年內存滿兩萬美金（五十四萬台幣）。當他快要達成目標的時候，台幣貶值為三十四元台幣對一元美金，原來預定的兩萬美金，變成六十八萬台幣，他必須多存十四萬台幣才能達成他的目標，等於必須多工作半年的積蓄。對他來說，出國的美夢就只能延後一年才得以實現。青春有限，有多少一年可以浪費？當記者訪問他時，他一臉無奈的說，「從沒想過會有這樣的無妄之災。」東亞國家在過去半年的金融風暴，損失的財富可能已超過第二次世界大戰的財物損失。從前戰爭的目的，是為了占領別國土地，控制別國人民，繼而奪取

他們的財富。今天透過國際金融網路，敲打電腦的鍵盤，就可以輕易奪取別國人民的財富，不必興兵攻打，就可以達到戰爭的目的。

這樣的事件到底是怎樣發生的？將來會不會再發生？如何因應？這些問題都不只是專家的事，一般人也要有基本的認識，因為像金融風暴這樣的無形戰爭，隨時會奪走我們的財富。

這本「你能懂——東亞金融風暴」是為所有人而寫，書中沒有專家的術語，只有少數統計數字和圖表，完全是你看得懂的文字和實例，說明東亞金融風暴的成因、現象、影響及對策。

東亞金融風暴究竟是怎麼一回事？你口袋的錢，數量沒少，卻越來越沒價值，這又是怎麼一回事？這一切今天不懂還來得及，如果明天再不懂，那就太遲了！

Tomorrow

明日工作室 策劃

未來思惟

掌握現在，展望未來

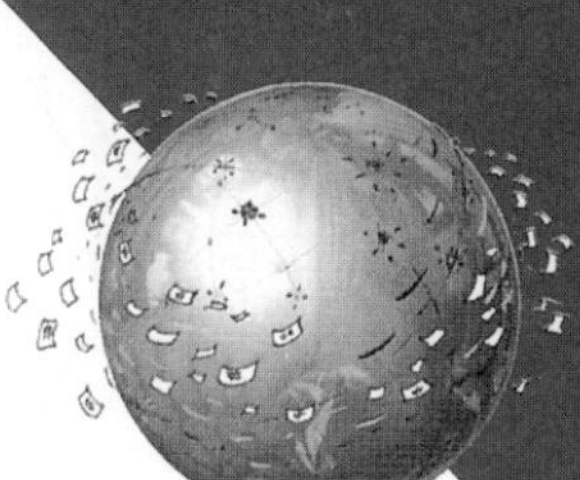

2001年第2次奇蹟

You Got It!

溫世仁／著
蔡志忠／畫

一九七二年中，我在台北縣二重埔的一個小工廠當廠長，每天中午吃中飯的時候，走進擠著一百六十人、比學校教室還小的餐廳，坐下來的時候，我的背幾乎要靠在後面的同事背上。

通常，吃飯前我會站起來講幾句話，並重複強調當月份的目標，接著，是當天值日的領班向大家報告生產目標達成的狀況，然後全體喊著努力達成目標的口號，之後，副廠長喊出軍隊式的口令「開動！」後，大家才津津有味的吃著新台幣一塊半的便當，那是小魚、豆乾、蔬菜和一大盒白飯。吃完飯略作休息，大家又士氣高昂的湧向生產線，繼續拼命的工作。那是令人懷念的日子，在台灣各地，許許多多中小企業都是在這樣惡劣的環境下長大的，很少抱怨、沒有抗爭，大家都是為了更好的生活而努力，不知不覺中，他們戰勝了貧窮，創造了台灣的經濟奇蹟。

九〇年代的今天，在台灣長大的年輕人應該是幸福的，因為他們豐衣足食、不虞匱乏，偶爾看到描寫台灣艱辛發展過程的影片，他們也只覺得那是「從前的故事」。我常常想，如果我是今天的年輕人，我也一定會很迷惑，為什麼這些號稱從苦難中長大的大人們，一邊彈著「產業出走、景氣惡化」的悲觀論調，一邊卻耽迷於金錢遊戲，而且熱衷於政治鬧劇及作弊的球賽。

曾幾何時，台灣的社會變得像羅大佑歌曲中的描述，我們能拿什麼給年輕人做榜樣呢？畢竟，在現今台灣許多社會的亂象及悲觀的論調中，我們還是看到一個全新的希望，一個創造台灣第二次經濟奇蹟的可能，這本書所要闡述的就是這個「新的契機」。

Tomorrow

明日工作室 策劃
溫世仁．蔡志忠
監製

你能懂

2小時掌握一個知性主題

生命複製

You Got It!

吳宗正／著
何文榮／著

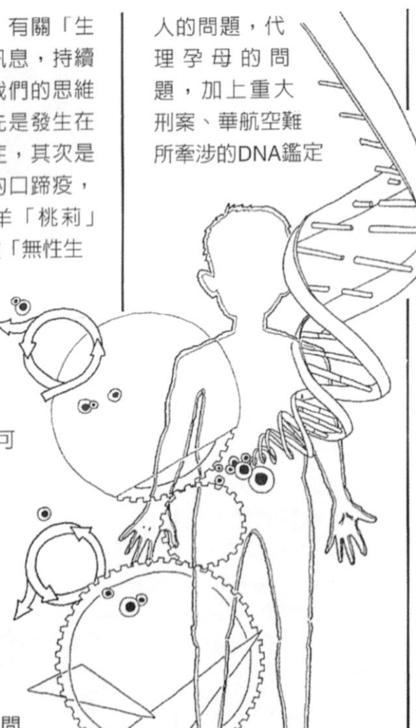

近一年來，有關「生命」方面的訊息，持續不斷地匯入我們的思維與生活中，先是發生在英國的狂牛症，其次是發生在國內的口蹄疫，再來是複製羊「桃莉」的誕生，這種「無性生殖」的成功，讓人立刻聯想到複製人的可行性，甚至已不是可能不可能的問題，而是已經面臨做不做的抉擇了。而其引發的後續有關的道德、倫理、與法律規範問題，更是如波濤洶湧般，激起大家的警覺。另外，冷凍人的問題，代理孕母的問題，加上重大刑案、華航空難所牽涉的DNA鑑定問題，這一連串事件接踵發生，媒體的推波助瀾，彷彿接下來就是生物科技的世紀，也就是說「基因的世紀」就在我們跟前。然而我們捫心自問，我們對基因、對生命，究竟瞭解多少？本書將以輕鬆愉快，簡單易懂的方式，逐步引導讀者認識「生命」，尤其是百分之九十五以上未受過生命科學洗禮的國人，更需補充這方面的知識。如此才能在即將來臨，且肯定會涉入我們未來生活，甚或如影隨形地影響我們一生的「基因世紀」，具備與生命科學家互通的共同語言，進一步參與對話及討論，並擁有足夠的知識來做正確的價值判斷。

LOCUS

LOCUS

LOCUS

LOCUS